少年勇敢手册

凤凰壹力 编著

了不起，布兰登

U0333767

天津出版传媒集团

天津人民出版社

图书在版编目（CIP）数据

了不起，布兰登/凤凰壹力编著. — 天津：天津人民出版社，2013.1
ISBN 978-7-201-07882-3

Ⅰ.①了… Ⅱ.①凤… Ⅲ.①自救互救－少年读物
Ⅳ.①X4-49

中国版本图书馆CIP数据核字（2012）第320581号

了不起，布兰登

编　　著：	凤凰壹力
出 版 人：	刘晓津
出版发行：	天津人民出版社
总 策 划：	贺鹏飞　黄　沛
责任编辑：	刘子伯
特约编辑：	霍春霞
装帧设计：	Metis 灵动视线　TEL.010－85983452
社　　址：	天津市西康路35号　300051
网　　址：	www.tjrmcbs.com.cn
经　　销：	新华书店
印　　刷：	北京冶金大业印刷有限公司
开　　本：	710×1000毫米　1/16
印　　张：	12
字　　数：	128千字
印　　次：	2013年4月　第1版　　2013年4月　第1次印刷
书　　号：	ISBN 978-7-201-07882-3
定　　价：	26.40元

目录

序言

少年没有复杂的心机，有的是智慧；少年没有丰富的经验，有的是天性；少年没有成人的力气，有的是勇敢。

"少年勇敢手册"丛书取材于美国探索频道（The Discovery Channel）中的热播节目《少年英雄》（*Real Kids, Real Adventures*）。该节目通过讲述生活中真实发生的危险故事，总结应对这些危险的急救方法，塑造了一系列勇敢而真实的少年英雄形象，赢得了很高的收视率和社会美誉度，曾荣获日间艾美奖"杰出儿童系列"提名。

电视节目虽然直观，但永远也无法代替纸质图书的阅读快感。因此我们提取《少年英雄》中的精华内容，从险境自救、救助陌生人、营救家人和少女英雄等4个角度推出了《山洞里有什么》《了不起，布兰登》《我能行老爸》《女孩，别害怕》4本少年儿童自己的勇敢手册。所有故事均由小记者哈米尔全程讲述，情节跌宕起伏、扣人心弦。另外，书中还配有详细而实用的急救常识，为你的生活提供安全保障，为你的英雄人生提供智力支持。

这是一本专门给孩子看的书，从书中你能寻找到同龄人的骄傲与自豪；这是一本专门给大人看的书，从书中你会对孩子产生全新的认同和尊敬。

勇斗美洲狮

嗨，大家好，我是小记者哈米尔。美国蒙大拿州米苏拉的周围是一片美丽的原野。在这片山区，亚伦·霍尔有过一次可怕的经历。身为野外露营专业指导员，他必须依靠机智从美洲狮口中救下一个男生。来看看他的故事吧……

●●● 亚伦的奖状

亚伦·霍尔从小就在消防站旁边长大，他很喜欢消防救援工作，也经常志愿参加消防队火灾救援演习。

眼下，熊熊火势即将吞噬整栋楼房，从那刺眼的火光中，不断有"救命"的呼叫声传来。"救命啊！快来人啊！着火了！救命啊！谁来救救我啊！"

这是亚伦在呼叫。不过，不用担心，因为这次和往常一样，只是一次火灾救援演习罢了。同样，亚伦依旧在里面充当火灾中的受困者。

消防工作人员听到他的呼叫声后，迅速展开科学有效的救援。不久，大火被扑灭，亚伦从里面被平安地"救出"。按照惯例，每次火灾演习都会有人员在外面监测指导，同时记下每次顺利完成救援工作所用的时间，然后据此总结经验，不断提高抢险救援能力。

"这是个新纪录。"大火被扑灭后，计时人员对他们的队长说道。

"什么？救这个小子居然刷新纪录了？听到了吗，亚伦？"队长面带微笑对亚伦和蔼地说道。虽然用的是问句，但显然，他的话语里面充满对亚伦无限的赏识与赞叹。

▼ 亚伦的奖状

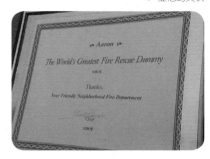

这时，在一旁听他们说话的亚伦摘下演习时戴的防护面具，既诚恳又谦虚地回答道："老头子

时间掐得很准。"

"没错。"大家听到亚伦称他们的队长为"老头子",都哈哈地笑了起来,然后都纷纷称许亚伦,"你做得可真棒!"

不仅如此,"老头子"还给亚伦颁发了奖状。"好了,亚伦不用再演火灾受困者了,他毕竟不是6岁小孩了。""老头子"对大家说道,然后转向亚伦,"亚伦·霍尔,为了表达我们的感激,我很荣幸给你颁发这个奖状,你是全世界最好的火灾救援演习人员。"

这一褒奖让亚伦感到既高兴又意外,一时间,他站在那里竟不知道该说些什么,只是默默地接过奖状。

"说两句,快点!"

"得奖感言!说啊!"大家提醒亚伦说两句。

缓了缓后,亚伦终于有些羞涩地表达了自己对大家的感谢:"我不知道该说什么好,能在消防站旁边长大,我很幸运,这里就像我的第二个家。谢谢!"

"干得很不错。"

"伙计,干得不错。"

大家再次对亚伦给以肯定和赞赏。

●●● 亚伦，相信自己

事实上，除了参加火灾救援演习，亚伦还是一名野外露营专业指导员。虽然只是利用假期时间来做这些，但他对如何应对野外突发事件，已经积累了一些经验。即便如此，他还是保持着一种很警惕的态度。现在，参加完火灾演习后，他就要离开，重新回去参加野营。离开之前，他和"老头子"私下里聊了聊。虽然年龄上有差距，但总在一起工作，他们已经成为了很好的朋友。

"回去参加野营很激动吧？当指导员感觉一定很好。""老头子"说道。

"是的，工作的确很不错。不过，你听说过我们这儿去年出了一件事吗？"去年野营的时候，有孩子发生事故，但当时的指导员却没能及时施救。这让亚伦感到有些气愤，同时也给他敲响了警钟，告诫自己绝对不能失职。

"你是说那次意外？""老头子"打断他的思绪，问道。

"是的。"

"有个孩子从秋千上掉下来了？"

"指导员只是看着，惊慌失措，什么都没做。"

◀▶ "老头子"的安慰让他感觉好了很多，他又恢复了以往的自信

"别担心，亚伦。如果真的出了什么意外，你会知道该怎么做的，相信自己。""老头子"的安慰让他感觉好了很多，他又恢复了以往的自信。

"亚伦，相信自己！"亚伦在心里对自己暗自说道。

●●● 应该没事儿的

很快，亚伦就回到了孩子们的野营队伍，带着一群比自己小很多的孩子。他喜欢这个工作，因为可以帮助锻炼孩子们的野外生存能力和坚强的意志。晚上，当大家都聚齐坐在篝火旁的时候，他对大家提出了明天上山的注意事项。

"好了。我想和大家谈谈，路上要注意安全，明天要跟着我走，这是基本的要求，懂吗？"

"为什么，走路也会出事？"一个孩子有些不太理解，他们都还不知道野营可能会有危险。

"这可不是逛公园啊。"亚伦回答道。

"我懂……不要独自上路。"另一个孩子似乎有些明白亚伦的话。亚伦听到他这样说，很高兴，"对，要一起走，身边要有指导员陪着，以免发生意外。"亚伦反复对大家强调一定要集体行动这一基本道理。

就这样，孩子们七嘴八舌地和亚伦一起讨论着将要开始的野外探险，只有丹特除外。丹特是一个可爱的孩子，但他有些害羞，而且胆子很小，所以总是一个人静静地躲在角落里，听大家谈话。

对此，大家已经见怪不怪。不过此时，细心的亚伦发现他与往常不太一样，一副心事重重的样子。

　　"嘿！在做什
么？"亚伦走到丹特身边，坐下问道。

　　"没什么，只是想点事。"顿了顿，丹特继续
问道，"真的很危险是吗？"

　　"对，你会去的，是吗？"

　　"我不知道。"丹特有些犹豫。

　　"不会是因为刚才说的那些话吧？你怕了？"

　　这句话似乎刺激了丹特这个小男子汉的自尊
心。听亚伦说完后，他急忙表示自己没有害怕：
"噢，没有，我不是害怕。"

　　"那你会跟我们一起去吗？"亚伦知道该怎
么跟这样的小孩沟通。

　　丹特点点头，表示自己会去。有亚伦的安慰
和帮助，他感到放心了许多，也就渐渐地消除了
自己的顾虑。

　　"应该没事儿的。"丹特对自己说。

然而，现实中好多事情却似乎总与人们的意愿背道而驰，愈害怕发生什么，愈会发生。丹特这个小家伙就是如此。

在第二天的野营中，他遇到了很危险的事情，甚至差点失去性命。

●●● 惊 吓

第二天一早，孩子们便穿戴整齐，排好队准备出发。作为指导员，亚伦的首要工作便是清点人数。

"好了。1、2、3、4、5、6、7……"还差一个人，就是丹特。

不过丹特并没有让亚伦失望，很快，便出现在大家面前。

"等我一下！等等！等等！"丹特气喘吁吁地追过来。

"好，现在人都齐了。孩子们，出发！"

许多孩子是第一次参加这种活动，也是第一次真正上山见到野外森林，所以对一切都感到陌生和好奇。他们不时地摸摸这儿、看看那儿，发出一声声惊叫。所以，一边走，亚伦还要一边给大家讲解一些有关森林的知识。

"看到这棵松树了吗？在我们眼里它不过是棵树，但是对花栗鼠、小鸟和松鼠来说，这是家。这些动物都很可爱，我们只能看看。"说完，亚伦招呼大家继续前进。

▼孩子们不知道那树叶下面是什么，都屏气凝神地看着

他们在长满树木的山上小心而有秩序地前进，很快，便来到了森林深处。脚踩在落叶上发出的沙沙声，还有森林里动物们的吼叫声，再加上从不同的地方传来的小虫子的鸣叫声，这让森林深处显得更加静谧和神奇。

亚伦带着孩子们小心翼翼地走着，不时提醒大家注意安全。他们来到一处地势陡峭、树木繁多、枝叶纵横交错的地方。显然，前面已经没有路了，他们需要换条路走。亚伦招呼大家更改方向。

"我们从这儿过去，明白吗？"亚伦叮嘱道，"别走散了……对，这边，跟上。"

说不清又走了多久，亚伦和孩子们听到一阵"嘶嘶"的声音从前面传来。前面耸立着一座由树叶堆积而成的小丘，里面好像有什么东西在不停地蠕动，那奇怪的声音就是从那里发出的。

孩子们紧张极了，伫立在那里，不知道该怎么办。

"站着别动，嘘！"亚伦安慰孩子们说道。然后他随手捡起地上的一根树枝，悄悄地迈开步子，一点一点走上去。后面有两个孩子试图跟过来，被他及时地制止了。

"等一会儿，站着别动。"亚伦命令道。他很快便走到了那座"小丘"前，小心翼翼地将树枝插进去，慢慢拉动。

突然间，"嚯"地一下，只见一只很大的鸟从里面跳出来。还没等亚伦反应过来，它便拍动着翅膀向远处飞走了。

顷刻，鸟的影子便已完全消失在远处，树林里恢复了短暂的安静。亚伦笑着回过头来对大家说："是只鸟，没事了，往前走吧。"

孩子们看到亚伦那被吓到的样子，想到刚才虚惊一场，都纷纷地大笑起来。

"呵呵呵，呵呵呵……"他们的笑声在山里面回荡着。

●●● 美洲狮出现了

时间慢慢流逝，已过晌午，亚伦和孩子们也差不多快要爬到山顶。他告诉大家怎么才能辨别回去的路。

"要看路标，这样才能找到回去的路。"他说。但不巧的是，现在他们面前的路有两条，而且上面都有路标。

"亚伦，我们该走哪一边？"孩子们问道。

"只有一个解决办法——看地图。"亚伦从背包里拿出地图仔细查阅。关键时刻，查地图也是帮助人们辨别方向的一种有效途径。

亚伦借助地图认清方向后，向孩子们询问意见："好吧，那条路可以下山，然后……这条路能带我们走到山上的猎人小屋，可

◀▶ 丹特发现了美洲狮

以休息一下。丹特，你说上还是下？"

"不知道，你来定吧，亚伦。"丹特看看四周后回答。

"那好，动身吧，我们到小屋去休息。"亚伦知道，孩子们走了大半天已经很累了，他们应该好好休息一下，之后再一鼓作气回到原地。

果然，他的建议深受孩子们欢迎。"太好了！"孩子们一致认同，转向山上的猎人小屋。就在大家都出发往山上去的时候，丹特被远处的一阵吼声吸引了。出于好奇，他准备去看看那边是什么。不过，亚伦发现并及时追过来制止了他。

"嘿，丹特，不是说过吗，不要擅自行动，忘了吗？"他拉着丹特一起前进，却看到其他的孩子已经走出了很远。

"嘿！嘿！等一下！"亚伦赶紧放下丹特，大喊着追上去，他必须得在大家前面带路。可是，随之，亚伦和孩子们就听到丹特在后面声嘶力竭地叫喊道："美洲狮！"

美洲狮出现了！

丹特有危险！

●●● 搏 斗

事实上，这是一只聪明的美洲狮，它从一开始就悄悄地尾随着亚伦等人。刚刚丹特听到的奇怪声音，正是它行动时发出来的。

丹特曾经在书里面见过美洲狮的样子，所以在那只巨大的猛兽冲上来的瞬间，他脱口便叫出了"美洲狮"的名字。听到这一声惊叫，前面的亚伦和孩子们及时回头。

"快去小屋，叫人来帮忙！"这是亚伦的第一反应。然后，他拨开队伍，从孩子们中间穿过来，朝着丹特飞奔过去。孩子们听到亚伦的命令后急忙跑向山顶的小屋寻找救援。

而此时，美洲狮已经用爪子把瘦小的丹特摁在了地上。

▲ 美洲狮对着亚伦吼叫
▼ 丹特吓得昏了过去

"别抓我！"丹特挣扎着在下面求救，然而美洲狮却"嗷嗷"地嘶叫着，用嘴巴咬住丹特的衣服，试图将他扯碎。丹特吓得开始呜咽起来。

不管怎样，亚伦知道自己此时决不能怯懦。他必须要勇敢地和美洲狮搏斗，才能保证丹特的安全。所以，他克制住自己的害怕，在一旁拍着自己的胸脯，对美洲狮大声地喊道："来，这边！来抓我啊！嘿！这边！"

"嘿！嘿！"

美洲狮被亚伦的动作和声音吸引了，抬起头来，不断对他"嗷

嗷"地吼叫，试
图吓走亚伦。可是见没什么效果，它便叼住丹特
的衣服，开始撕扯起来。

亚伦开始拿起石头不断往美洲狮的身上砸过
去。同时，他还大喊着吓唬它："嘿！嘿！滚开！
给我滚开！"

然而美洲狮依然叼住丹特的衣服不放。它转
过身子，抬起头，看了看亚伦，然后叼住丹特的
右脚跟，倒退着往后走去。

它要把丹特拖到哪里？亚伦能成功地赶走美
洲狮吗？丹特能得救吗？

●●● 丹特晕了过去

美洲狮丝毫没有放开丹特的意思。

情急之下，亚伦疯狂地抡起背包，做出各种
凶狠的表情，试图赶走它。"快点走！松开他，
快给我滚开！给我走远点，快滚！快走啊！"亚

伦一副要冲上去与美洲狮拼个你死我活的样子。

就这样过了一会儿，可能是被亚伦的气势威慑住了吧，美洲狮竟然奇迹般地放开了丹特，然后摇了几下尾巴，晃动着巨大的身体，慢慢走开了。然而，它还不断回头张望，发出"嗷嗷"的叫声。

亚伦惊喜万分，赶紧冲上去抱起倒在地上的丹特，"丹特！"他叫道。

可是丹特却由于惊吓过度，以及刚才被美洲狮咬住在地上拖动，受了伤，晕了过去。

亚伦取下自己的围巾，包住丹特被美洲狮咬坏衣服的地方。"看样子就咬破了一点皮，是吗？没事的，我的第一枚救援奖章是在6岁时得的。嘿！嘿！伙计，醒醒。"

"放开我！"丹特似乎是从噩梦中惊醒。

"嘿，嘿，嘿！别怕，是我。看，对吗？"亚伦安慰他说。

"亚伦？我有点儿冷！"丹特看清了眼前的亚伦。

"你是被吓着了。你可千万千万别睡着了，知道吗？能做到吗？"亚伦不断地安慰、鼓励着丹特，然而他依然能感到丹特的脸色变得越来越苍白，说话的声音也越来越弱。他卷起丹特的袖子，试试脉搏，结果发现丹特的脉搏很微弱。

"嘿！丹特，醒醒！快醒过来，伙计！别睡过去！快，听到我的话了吗？"

可丹特已经听不到他的话了。

丹特再次晕了过去。

"救人啊！快来人帮忙！"亚伦抱起丹特，大喊着往山上小屋的方向跑去。他一面跑一面不断地呼唤："丹特，别睡着啊，千万别睡！快了……坚持住好吗？坚持住！"

丹特能听到亚伦的呼唤吗？山上的小屋能给予他们帮助吗？

●●● 急救箱是空的

就在亚伦与美洲狮周旋并成功赶走它的时候，孩子们已顺利地来到了山上的小屋。

"救命啊！快来人啊！救命啊！快去救人！"他们边跑边喊。

小屋内只有一个女孩儿，名叫贝基，是这次野营活动的中途接待人员。她听到孩子们的喊声后赶忙跑出来，问："噢！怎么回事？出什么事了？"

"救命啊！请帮帮我们，快去救人，救命啊！""有头美洲狮……咬伤了丹特！"孩子们七嘴八舌地回答。

"天啊！快快快，进屋去，快点！"贝基赶忙招呼孩子们进屋，关上了房门，然后迅速拨通了救援电话，将事情的大概经过说清楚："我们在山上的小屋……拜托了！我们需要帮

◀ 贝基打电话求救

▶ 消防队长接到了警察要求协助救援的电话

手，请快点！"

贝基放下电话，往屋子外面看了看，问道："亚伦呢，怎么没见他过来？"孩子们互相看看，不知道该怎么回答。

就在这时，亚伦抱着丹特也一路踉跄地跑到了小木屋前。

"亚伦！"孩子们看到他，都惊喜地叫了起来。

"他没事吧？"

"那头美洲狮呢？"

大家纷纷问了起来。

"已经跑了。好了，到这儿就安全了。大家都放松点好吗？坐下。"亚伦安慰大家，然后转向自己怀里的丹特，"伙计，你还行吧？"

但丹特的表情告诉大家，他现在病得很严重，必须赶快接受治疗，否则后果不堪设想。贝基告诉大家屋子里有急救箱，这一消息让大家万分欣喜。

然而，当她左搜右寻终于找到急救箱后，却发现里面什么都没有。

"空的！"贝基失望地说道。刚在大家心中涌起的希望刹那间又消失殆尽了，而丹特的情况

▲ 急救箱是空的

却变得越来越严重。

"嘿，丹特，醒醒！快点，丹特！"

"丹特，醒醒！"山顶上的屋子里，不断传出亚伦和孩子们的呼唤声。

●●● 不能这样干等着

丹特已经毫无意识。

"快点，伙计，快醒醒！醒醒！你能行，快醒过来！"

"丹特，醒醒！"

"好了，丹特，不管你能不能听见，一定要睁开眼睛啊。醒醒！"

"快点，伙计，你做得到。醒醒……快醒醒啊！"

然而不管大家怎么叫，丹特仍没有任何反应。

"这样可不行啊！"贝基还是个孩子，她没

遇见过这样的事情，开始慌乱起来。

"慌也没有用，贝基。"亚伦用一种安慰而又坚定的口吻说道。

的确，慌是没有用的。眼下的形势让亚伦觉得自己必须迅速做出决断。"我们不能这样干等着。"亚伦望了望窗外，对大家说道。

"别走，亚伦！"孩子们明白亚伦的意思，他们不想让他冒险。

但亚伦已经做出了决定。"先拿毯子给他盖上取暖。"他执意要去。

贝基也劝道："别去了，再等一会儿就来人了！"

"是吗，什么时候？"

"半个小时，也许……我不知道。"

亚伦边给丹特裹上毯子，边反驳大家的意见："丹特不能等半小时，就算醒了也撑不了多久。我们开车和他们碰头。"

然后他抱起丹特，说："来吧伙计，加油，抱着我。快，我们走……不会有事的，我们走！"

"关好门窗，回头来接你们，明白吗？"对孩子们说完这句话，亚伦就将丹特抱上了车。贝基和他一起去，亚伦将车开得很快。

"亚伦……亚伦，你能开慢点吗？"坐在一旁的贝基说道。

"好……好……好。"亚伦虽然这样说着，但丝毫没有减慢速度的意思，他太担心丹特了。

"亚伦，慢点！"

"别紧张行吗？我对这条路熟得……"

亚伦开车去和救援人员会合

"小心！"贝基的喊叫打断了他的话。前面道路中间横卧着一条粗大的断木，这声叫喊，让亚伦及时发现险情并扭转了方向盘。

"好……好，我慢点开。"亚伦也一阵后怕，连忙答应道。

●●● 脱　险

曙光终于出现。亚伦他们很快便遇上了前来救援的人员，他们正是以前亚伦经常参加救援演习的那支队伍，还有几个警察和医护人员。队长"老头子"看到亚伦他们后迅速迎上来，关心地问道："亚伦，你没事吧？"

"没事……我没事，有个孩子受伤了。"亚伦看了看车里的丹特，稍微松了一口气。

"我来把他抱走。"队长吆喝道，"这儿需要一架轮床！"

"放心吧，伙计，他不会有事的。你怎么样，没伤着吧？"

"我很好，没事。"

"别的孩子呢？"

"他们都脱险了，没事，都很好。"

"那就好。"

"感觉如何？"

"我……我真不敢相信会发生这种事。知道吗，来得太快了。刚才丹特还和大家一起走，突然就不见了。真是……"亚伦现在怎么都无法说清楚自己的感觉。

"嘿！嘿！事情都过去了。"队长拍拍亚伦的肩膀夸奖道，"你只不过是有点后怕，一会儿就好了。我真为你骄傲，知道吗？扮演受困群众时你就干得很好。"

听到队长的称赞和鼓励，亚伦感到说不出的高兴，不过更重要的是，孩子们都安然无恙。

小记者哈米尔采访实录

几年过去了，大学毕业后的亚伦放弃了优越的工作，来到蒙大拿州当了一名森林搜救员。在他看来，这个职业应该更有意义一些。

哈米尔：哇！说说那天你们遇到美洲狮以后的情况吧。它为什么选择落在后面的人？

亚伦：也许它很聪明吧，知道走在后面的孩子比较容易得手，但是有我在，它打错算盘了。

哈米尔：你是怎么想出应对办法的？

亚伦：从书里看到的，如果你虚张声势，就会吓退它们。学校也教过我们应对方法，而且多年的山林生活也让我有了一些本领。

哈米尔：想过自己可能出事吗？为什么要冒这个险？

亚伦：我还真没想过这个问题，是一时冲动吧，心里一急就冲了上去。

哈米尔：经过这件事情，你怎么看美洲狮？你以后会不会怕它们？

亚伦：我不害怕。是我们闯进了它的地盘，否则它不会主动招惹我们的，所以美洲狮还是没什么可怕的。不过我以后会更加谨慎，注意一切风吹草动，去哪儿都会提高警惕。

哈米尔：这件事让你有什么心得吗？

亚伦：我觉得，我的反应还算快，还算果断。

急救常识之 "触电"

1. 为了防止因灼烧而引发水泡，把受伤部位放在自来水下冷却是十分必要的。

2. 在触电引发痉挛之后，病人的情况看上去在逐渐好转，但随后很可能发生循环系统失调，这在小孩和老人身上尤其易发生。因此，病人必须休息，并要避免剧烈运动。

3. 水是很好的导体。所以，当水和电结合的时候，情况就显得特别危险。因此，在电力设备旁工作的人员必须特别小心。应该找到某种形式的绝缘体，比如一个垫子或一块木头，它们都能为工作人员提供适当的保护。

4. 如果关闭电源有危险，就只能在电源开着的情况下抢救受伤者。这时，救助者必须确保自己采取了绝缘措施。使用木棍（不要用金属棍）把受伤者推开，或者把导电的工具从他手里拨开。

5. 受伤者失去了知觉，但他还在呼吸。这样的事故常常会导致心脏停止跳动。救助必须迅速及时，因为心跳停止也可能在晚期发生。危险尚未结束，必须把病人放置成平躺位，并不时地检查他的呼吸和脉搏情况。

6. 高压线下垂至地面的情况非常危险，因为它会在地面形成一个电场。进入到离高压线 10 米的地方就极端危险了；而如果进入到离高压线 5 米的地方，就意味着你必死无疑。即使在距高压线 10 米远的地方，你也能感到你的皮肤有刺痛感，或者听到你的衣服在噼啪作响。

了不起，布兰登……

嗨，大家好，我是小记者哈米尔。13岁的少年布兰登·阿布斯通像多数儿童一样，从未想到过自己能当英雄，然而，梦想有时会以一种有趣的方式成为现实。一场突如其来的火灾，不但让他成为众人心中的英雄，而且在他幼小的心灵里种下了一颗理想的种子。一切还得从那节特殊而有趣的消防知识演习课讲起……

●●● 布兰登没听课

同往常一样，枯燥乏味的课堂对布兰登·阿布斯通毫无吸引力。此刻，外面阳光明媚，他的头后仰，轻轻地靠在椅子上。光线滤过窗户，轻柔地照在他那若有所思的脸上。他的思绪天马行空，不知飘到了何处，全然不顾讲台上几何老师在说些什么。

"显然，你们这个班的同学还没有掌握几何方面的知识。试卷我已经发给你们了，现在，我希望全班每位同学都看看自己答对了多少题，算一算自己能得多少分……"几何老师站在讲台上，喋喋不休地说着。她对孩子们在这次测验中的表现相当不满意。

▼ 课堂上，布兰登的思绪早就不知飘到了何处，这让老师很生气

然而，布兰登此时此刻的表现更令她恼火。自己如此苦口婆心地在讲，学生竟全然不顾，这太令人失望了。

她气愤地双手叉腰，停住刚才的话，大声叫道："布兰登！"

神游中的布兰登突然听到老师的呵斥，吃惊地从座位上站起，回答道："是，老师！"

"你告诉我你的成绩是多少？"

然而布兰登根本不知道老师刚才说了些什么。"您说什么？"他反问老师道。同学们都被他这可爱的行为逗乐了。

"布兰登，你根本没有在听课。"

"啊，我只是……"布兰登试图为自己找理由辩解。

●●● 布兰登又错了

就在布兰登苦思冥想试图为自己找借口辩护之时，一阵嘈杂的机器声传来，同学们被此吸引，纷纷跑向窗口。

"笨蛋。"就在大家往窗口跑的时候，一个同学经过布兰登面前，用轻蔑的语气对他说道。布兰登更觉得无奈而沮丧。

"好了，安静。消防队员马上要来给大家讲一讲预防火灾的知识，现在请大家把桌子搬动一下，给他们腾出地方。大家动作快点，把桌子往后移动一下。别弄出太大的声音，别的班还在上课呢。"老师在做出简短而明确的解释后，吩咐大家为即将开始的特殊课程做准备。

孩子们纷纷行动起来，很快便将位置调整好，然后安静地坐在自己的位置上，等待消防队员的到来。顷刻，身着消防服的消防队员抬着要使用到的消防器材，走进了教室。

"下面我来介绍一下我们的客人。"老师稍微停顿了一下，"他们是布洛德和艾尔姆街区消防队的队员，同学们可能都知道这两个消防队。他们在百忙之中抽出时间来

我们这儿，准备
讲一讲消防工作的意义，教给我们一些相关的知
识。请大家集中注意力听讲。"

一切准备就绪。

"大家好，我是队长高夫。"最后走进来的人
跟孩子们亲切地打了声招呼。

"嘿，我敢打赌，肯定又是别玩火柴那一套。"
与布兰登同桌的男孩罗伯特不屑一顾地说道。布
兰登示意他小点声。

但是，高夫队长显然听到了罗伯特的嘀咕声。
"谁觉得自己已经很了解'火'了？"他问道。
同学们纷纷举起了手，高夫队长将目光投向罗伯
特："你怎么样？你叫什么名字？"

"啊，罗伯特。"

"好，罗伯特，我有个问题问你，火灾是怎
样使人丧命的？"

"很简单，火把人烧死了。"罗伯特不假思索

地答道。

"嘟嘟"的喇叭声吓了大家一跳，这是高夫队长对罗伯特错误回答的警示。看着孩子们有些惊慌的表情，他说道："对不起，没吓着你们吧？你答得不对，大部分人还没接触到火就被烟呛死了。好，再给你的小哥们儿一个机会。你叫什么名字？"他对着布兰登说道。

"布兰登。"

"好，布兰登，听好，下面这个问题是：在你帮妈妈炸鸡时，锅子着火了，你怎么办？"

"把锅放在水池里，往上浇水。"布兰登思考后回答。

刺耳的喇叭声再次传来，布兰登也答错了。

"又错了。"高夫队长大声说。

"表现不错，布兰登。"刚才叫布兰登"笨蛋"的小家伙再次揶揄他。然而布兰登对此丝毫不在意。此刻，他被高夫队长的讲解吸引了。

●●● 我要当消防员

高夫队长一面做着示范，一面对大家讲述：

"绝对不要往着火的油上倒水，这只会让火势更加凶猛。要扑灭油上的火，应该盖上盖子，这样里面的火就得不到氧气了。举个

◀▶ 布兰登留在车上不肯下来

例子来说，你们知道着火的地毯、油漆和一些沙发垫之类的东西能够产生有毒气体吗？这就是发生火灾时要趴下来的原因，因为靠近地面的空气会干净些，那里不会有太多的烟雾。所以说，绝对不要进入着火的建筑物里。还有就是，要保持警觉，要运用常识。"高夫队长生动而有趣的讲解，深深地吸引了布兰登，他不停地点头。

在课堂上介绍完之后，同学们还在消防队员的带领下，到消防车上进行了参观。大家对这个他们听过，但从没接触过的物体，表现出了浓厚的兴趣。

然而美好的时光总是短暂的，很快，就到了另一节课的时间。"好了，同学们，我们该进教室上课了，消防队员们也该回去工作了，大家都下来吧。"同学们闻声都纷纷跑向老师身边，除了布兰登。

高夫队长发现了仍逗留在车上的布兰登。

"小家伙，你在这儿干吗呢？"他问布兰登。

"我觉得这很有意思。我能去你们消防站，跟你们一起去看看真正的大火吗？"布兰登坐在车门口，用好奇又天真的眼神望着高夫队长说道。

"哦,这对你这个年龄的孩子来说太危险了。这样吧,你好好上学,长大后来找我,我们到时候再商量,怎么样?"高夫队长摇头表示。

"我要当消防员!"布兰登对消防员的工作简直着了迷。

"布兰登,该进去了。"老师催促道。

"老师在叫你呢。"高夫队长把布兰登抱下车,拍拍他的肩膀。布兰登只好回到队伍中。

在远去的消防车的鸣叫声中,孩子们挥手与之作别。虽然是短暂的一课,但无疑,他们度过了一段美好而有意义的时光。

▲ 小伙子输得很不服气

●●● 胆小鬼布兰登

放学之后,布兰登立马就把课堂上的枯燥乏味抛到了九霄云外。打球是他最喜欢的一项运动,小区前面的空地是他和小伙伴们大展身手的舞台。

"罗伯特,罗伯特,传球。"一个队员喊道。在进攻的时候,双方队员不断互相撞击着身体,试图阻止对方。

"布兰登,快回来吃饭。"楼上,布兰登的妈妈已经将晚饭准备好。她的呼唤声打断了正在奋力向前冲刺的布兰登,他无奈地停止了战斗。

"伙计们,我得走了。我爷爷奶奶晚上要来吃饭,如果我不在,我妈会杀了我的。"他对同伴们说道。

"胆小鬼，布兰登。"因刚才的激战而跌坐在一旁的一名男孩有些愤愤不平地说道。由于失败，他还不想这么早结束战斗。他试图用激将法留下布兰登，继续战斗，一分胜负。

不过，布兰登并不入他的圈套。"你还好意思说我，我刚才还赢了你一个球呢。"布兰登发起有力的反击。

"走，布兰登，我也要回家了。"罗伯特招呼布兰登。

于是，这对好朋友一起回家去了。

"你们这对'小情人'。"失败的男孩不服气地在他们背后讽刺道。

"说对了，我们就是'小情人'，怎么了？""说对了。"布兰登和罗伯特默契地搂起对方的肩膀，头也不回，相拥在一起反击着背后的男孩。

●●● 冲进火屋

在铺着落叶的道路中央，他们因今天的成功兴奋不已，一边挥舞着手里的球杆，一边回味刚才的精彩表现。

"我们这对'小情人'天下

无敌！"布兰登大声说。

"是的。"罗伯特附和着。

然而，从前面公寓窗口冒出的浓烟，把他们吓了一跳。"嘿，那幢公寓着火了！"布兰登和罗伯特交换了一下眼色，然后不约而同地往前跑去。罗伯特还从来没碰见过这种事情，一时有些反应不过来。

"妈咪……"从公寓里传出了女婴的哭声。罗伯特听见里面有人，这才意识到了问题的严重性。

"快报警。"布兰登一面对罗伯特说着，一面就要冲进去。

"等等，你不能进去。"罗伯特拦住他，"你会被烤焦的。"

"可里面有个小孩，我总得做点什么。"

"消防员说过的，不要进着火的建筑物。"罗伯特依然试图阻止布兰登进去。

然而，"救人"的念头在布兰登的意识中占据了第一位。"快去找救援。"留下这么一句话给罗伯特后，他便奋不顾身地冲进了着火的房子。至于后果，他已经全然不顾了。

"嘿，嘿，布兰登！"罗伯特见布兰登已经冲进去，只好飞速地跑向公用电话亭，去呼叫消防队来此进行救援。

罗伯特拐过一个街角，终于找到了公用电话。他迅速拨通消防队的号码，急切地说道："着火了，在希卡摩街和斯普林街的街角。"他尽量控制着自己的情绪，想把情况说清楚一些，"我不知道多少号，是科塞尔公寓。里面有个小孩，我的朋友进去救他了……是的……快！"说到布兰登，罗伯特不禁担心起来。

消防队员会及时赶到吗？

●●● 你们在哪儿

"妈咪……"女婴急切而有些悲戚的呼唤声，让准备冲进屋子的布兰登感到阵阵揪心。

他用衣服护住自己的脸，看着从门缝处渗出的烟雾，稍微犹豫了一下，深吸一口气，推开了公寓的房门。屋内全是浓烟，熏烤着他，使他无法辨清方向。他只好大喊："有人吗？有人在吗？"每喊一句，刺鼻的浓烟就呛得他剧烈咳嗽一阵。

布兰登跪爬在地上前进，这是他在消防课上学到的知识。这间公寓特别宽敞，他发现自己所在的位置好像是客厅，周围有好几个房间。浓烈的烟雾让他判断不出哭声到底是从哪个房间传出来的。他试图通过地下的门缝看清楚，但什么也看不见。

"回答我！"他一边吃力地向前行进，一边对着屋子喊道。

"请救救我们……我们在这儿呢！我们在妈妈的房间里。"终于，从一间屋子里传出一个男孩的回答。

布兰登朝着声音的方向爬过去。"是这间吗？"他在一间大卧室的门口停了下来，试探着问道。

▲ 火势越来越大，里面的孩子吓坏了

"是的，在床后头。"依旧是那个小男孩的声音。布兰登稍微松了一口气，猛地撞开了卧室的门。卧室里的烟也很浓烈，布兰登仔细辨认了一下方向，发现在大床后面的角落里，躲着4个孩子。

"快点出来，你们不能待在这儿，快出来！"布兰登急切地说。

"不！妈妈说我们不能离开家。"大一点的男孩倔强地回答。

"你们不能待在这儿，快点出来！"

"不，妈妈说让我待在这里等她回来。"男孩依然坚持不走。

"你叫什么名字？"布兰登试图与他沟通。

"麦克尔。"男孩答道。

"麦克。"布兰登叫道。

"我叫麦克尔！"麦克尔纠正布兰登的叫法。

"好吧，麦克尔。"布兰登一面正确地叫着麦克尔的名字，一面乘机靠近他，然后一下夺过了他怀里的婴儿。

"走开，别动她，不然我叫警察了。"麦克尔反抗着布兰登。

"我必须带她一起走。"布兰登强行将婴儿抱了起来。

"不。"麦克尔大喊道。

"我马上回来。"布兰登抱着婴儿赶紧冲向外面，任由小麦克尔在后面大喊大叫。

●●● 布兰登被打翻了

当布兰登抱着最小的孩子从里面出来的时候，他终于可以再次感受到外面新鲜的空气了。罗伯特看见他出来后赶紧迎了上去，激动地说："消防车马上到。好样的，你把她救出来了。"

然而布兰登已无暇顾及这些话了，他把孩子递给罗伯特，焦急地说："里面还有 3 个呢，等消防员来就太晚了。"一边说着，他一边转身准备再次进去。

"等等，你不能再进去了。"罗伯特试图阻止他。火越来越大，屋子里变得更加危险。

"我得进去。"布兰登再次用衣服护住自己的脸。

"消防员说了，不能进去。"罗伯特竭力阻止他。

"可他们不肯出来。"说完这句话，布兰登再次孤身一人进入险境之中。

房子外面已经聚集了一些人，不过大家都只是站在原地看着。

"你们就不能帮帮他？"罗伯特对大家的无动于衷感到气愤。

屋子内的火越来越大，浓重的烟雾熏得布兰登呼吸困难，呛得他不断咳嗽。但他还是匍匐着，迅速来到了孩子们的面前。他抱起其中的一个小女孩，对她说道："你跟我来。"

小男孩儿麦克尔觉得自己受到了冒犯，挥起拳头向正要抱着女孩离开的布兰登打去。布兰登毫无防备，和女孩一起仰翻在了地上。

●●● 别去，布兰登

屋子外面，罗伯特等人焦急地等待布兰登出来。

罗伯特把孩子交给旁边的一个中年妇女，然后跑到房子的大门外，试图打开房门。一股浓烟立刻顺着开启的门缝冒出，罗伯特被呛得一阵咳嗽。他大喊道："布兰登，布兰登，你在里面吗？你还好吗？"

里面的布兰登感觉很糟糕。小男孩麦克尔不但执拗着不肯出去，而且还打了他一拳，疼痛加上呼吸艰难，让他觉得难受极了。然而，他还是挣扎着从地上坐了起来。"你们必须出去。"他对麦克尔说道。

◀▶ 罗伯特把孩子转交给了一位中年妇女

"我们要等妈妈回来。"麦克尔依然坚持己见。

"我们走了。"布兰登不理会麦克尔，抱好怀里的孩子，向外面冲出去。

"妈咪……妈咪……"留下的女孩不断地呼唤，浓烟熏得她十分害怕。

布兰登抱着怀里的孩子艰难地往外面走，烟太大，他只好依旧用跪爬的姿势往外面走。

"噢，我的天啊，布兰登。"在门口焦急等待的罗伯特看见布兰登终于带着孩子出来，大松一口气。

布兰登抱着孩子跑下台阶后，再也支持不住，放下孩子就躺倒在了地上，不住地咳嗽。

"布兰登，布兰登，冷静点，你没事吧？"罗伯特关切地问道。旁观的人也纷纷围上去表示关心。

"里面还有两个小孩。"这是布兰登的回答。

"布兰登，别去了，别去了，好吗？"罗伯特非常担心，似乎要哭出来了。

不管罗伯特怎么劝说，布兰登还是坚持要进去。"不行，我不去他们就没命了。"

"不，布兰登。"罗伯特阻止他坐起来。

然而他还是挣开了罗伯特的阻挠，又一次向里面冲去。

"别去，布兰登！""回来，布兰登！"罗伯特追在他后面无力地喊叫，但还是看着他跑了进去。

穿过愈加浓厚的烟雾，布兰登来到了两个孩子面前。"来，我们走。"他抱起女孩儿。

"不……你不能离开这儿，妈妈就快回来了。"小男孩麦克尔依然坚持，他一直在不停地咳嗽。

"麦克尔，我马上回来救你。"布兰登不理会他的话，抱着女孩往外走。

●●● 他会被烧死的

布兰登又一次抱着孩子成功地出现在大家面前，人们很快迎上去接过他怀里的孩子。

"布兰登，你快被烤焦了，不许再进去了！"罗伯特用命令的口吻说道。

"不！"

"你全身热得要命。"罗伯特抱住布兰登，担心极了。

"不！"布兰登挣扎着，里面还有麦克尔。

麦克尔的妈妈终于回来了。她惊慌失措地大喊："我的孩子，珍妮，达芙妮。哦，宝贝儿，麦克尔呢？我的儿子呢？我的儿子在哪儿？我的儿子在哪儿？"

"问那个男孩，是他把她

▲麦克尔的妈妈回来了，十分担心自己的孩子

们救出来的。"抱着女婴的中年妇女告诉她。

"我儿子呢？"麦克尔的妈妈接过最小的女儿，转身向布兰登问道。紧张、着急、感激交织在一起，她一下子跪在了布兰登面前。

而此时布兰登和罗伯特还在为是否进去的事情而撕扯着。

"我得回去！"布兰登嚷道。

"消防员就要来了。"

"别管我！"

"布兰登！"然而罗伯特的阻挠是徒劳的，布兰登还是闯了进去。

"他会被烧死的。"中年妇女担心地说。

●●● 布兰登成功了

大火已经快将整个房子吞噬了，浓烟盖住了光线，屋子里一片漆黑，犹如令人窒息的暗夜。布兰登在危险境地中勇敢而小心地前进。

他找到了麦克尔。烟雾使他们两人一阵阵咳嗽，呼吸变得更加困难。他们必须赶快离开这里，否则就来不及了。他拉起麦克尔。

"放开我，我要等妈妈回来……放开我！"

"她在外面，我带你去找她。我带你去找妈妈。快走！"他背起麦克尔，费力地转身，"我们得快点出去，快！"

"我要我妈妈，她说她很快就回来，我要等

妈妈回来。"布兰登已无力回应麦克尔的叫喊，他背着麦克尔一边不停地咳嗽，一边寻找出去的路。大火几乎烧着了所有的家具，到处都是火苗和浓烟，布兰登只能靠进来时的感觉沿着原路出来。

"好啊，你成功了，你成功了！"当布兰登再次呼吸到外面新鲜的空气，听到众人的欢呼声、掌声，还有好朋友罗伯特的叫喊声时，他知道自己成功了，之后和罗伯特紧紧地拥抱在一起。

"谢谢你，真是太感谢你了。"麦克尔的妈妈搂着自己的儿子，激动地不知道该说什么好，只是一个劲儿地向布兰登表示感谢。

能够成功地救出孩子，布兰登倍感高兴，但他知道事情并没有就此结束。在消防员赶来之前，必须要赶紧通知公寓里的其他人撤离，因为火势并没有得到控制，还在蔓延。

布兰登和罗伯特以及随后赶到的其他小伙伴分头行动，通知公寓里的其他家庭。

所有人都从公寓里出来后，消防员也赶到了，很快便扑灭了大火。众人的心这才放下。

●●● 市政厅的奖励

事后不久，对布兰登见义勇为的精神，市政厅专门给予了奖励。

"我代表市政厅，颁发给布

▲ 布兰登高兴地接过了奖牌

兰登·阿布斯通这个奖牌，为的是表彰他冒着生命危险救出 4 个孩子的勇敢行为。"市长亲自给布兰登颁发了奖牌，接着说，"消防队队长还邀请他将来加入消防队伍。"对于布兰登来说，这个消息要远远比那块奖牌重要得多。

"恭喜你，布兰登。"颁奖仪式结束后，站在一旁的高夫队长蹲下身子对布兰登表示祝贺，"不过，你不知道你做的事很危险吗？进入火灾现场是我们的事，我们受过训练，有防护服和氧气罩。"

"我知道，可我不能只站在那儿看着。"

"可其他人都是那么做的。"

"我知道，可我做不到。你不是说要运用常识吗？"布兰登坚定地回答高夫队长。

"是的，没错。而且那 4 个孩子和他们的妈妈都非常感激你，你是个英雄！"面对眼前这个小家伙，高夫队长不住地点头微笑。

"我真的能去消防站吗？"布兰登很激动地望着高夫队长。

"那当然。"高夫队长微笑着，"你真的想去吗？"

"是的。可是当他们给我这个奖牌，还夸我勇敢的时候……"布兰登犹豫着要不要把自己真实的想法告诉高夫队长。

"怎么了？"高夫队长看出他有心事。

▲ 高夫队长对他表示祝贺
▼ 小伙子们争相看布兰登的奖牌

"我心里知道，其实我并不勇敢，说实话，那一刻我感到很害怕。"布兰登吞吞吐吐地说出了自己的感受。

"听我说，"他拍拍布兰登的肩膀，"问题不在于你是否感到害怕，而在于你感到害怕的时候会怎么做，在于面对险恶的环境，该怎么保持清醒，运用常识。你克服了内心的恐惧，这才是勇敢的真正含义。明白吗？"

"明白了！"布兰登大声地说道。听了高夫队长的话，他感到压在自己心里的大石头可以放下了，顿觉轻松舒畅，露出了天真可爱的笑容。

小记者哈米尔采访实录

几年前，当这件事发生时，布兰登的梦想就是当一名消防员。如今，他已经长大了，他的经历是否改变了他？他还想当一名消防员吗？让我们一起来采访一下他。

哈米尔：你现在还想当消防员吗？

布兰登：在发生那件事之后，我反复思考了这个问题，我认为那正是我想做的工作，我喜欢冒险。

哈米尔：你和朋友在回家的路上听到了呼救声，而那天上午，当地消防员刚刚给你们做了一次演讲，对你们讲了基本的安全规则，其中一项就是不要进入着火的建筑物。可你听到呼救声的第一个反应就是冲进去救那些孩子。为什么？

布兰登：我遇到当时的情景后，根本没想到那些规则。他们告诉过我，身上着火时要倒在地上打滚，但我当时一心只想着把小孩救出来。

哈米尔：你认为最困难的是哪部分？

布兰登：最困难的是找到他们，因为周围到处都是黑烟，眼睛被熏得很疼。

哈米尔：你是怎么躲避那些烟的？

布兰登：我用衣服遮住脸。当时我的眼睛很疼，我很想出去，但我想到了那些孩子，于是决定先去救那些孩子。

哈米尔：这件事使你成了一名英雄，是吗？

布兰登：但对我来说，我只是做了我觉得应该做的事，我并不觉得自己是个英雄。

失控的校车..........

嗨，大家好，我是小记者哈米尔。像多数大城市一样，美国密苏里州圣路易斯每天都有上万学生乘坐校车上学。拉里·香巴尼就是这众多学生中普通的一员，然而偶然的一件事情，却让他实现了成为"超人"的梦想。有一天，司机威格金斯太太突然发病晕倒，校车失控，车上的人乱成了一团，年仅10岁的拉里挺身而出。从那时起，他就不再是一名普通学生了……

●●● 伤心的拉里

　　世界上最大的痛苦莫过于亲人的离去，此时，拉里·香巴尼一家就正沉浸在这种巨大的悲痛之中——他的父亲老拉里·香巴尼刚刚过世。此刻，社区的墓地中，哀乐声在四周飘荡，拉里和妈妈、妹妹、弟弟，以及其他亲属们在与父亲做最后的告别。牧师沉重地念着悼词：

　　"我们的社区遭受了一次巨大的损失。今天，一个小伙子永远地离我们而去了，我们大多数人都认识他，熟悉他。但是，我们今天来到这里并不是为了表示哀悼，我们在这里是为了表达对拉里·香巴尼留下的一切以及他所爱的家人的敬意。

　　"他的儿子小拉里，他的女儿克莱门汀，他的妻子道恩和他的小儿子杰伊。拉里·香巴尼的精神将永世长存，因为他已经将火炬传递给了自己的孩子。"

　　牧师将和蔼的目光投向拉里，以及他的妈妈、妹妹和弟弟。

　　"拉里·香巴尼的精神将永世长存，因为他已经将火炬传递给了自己的孩子。"牧师最后的这句话一直在拉里的脑际回旋，似乎无形中给了他几分力量和勇气，让他悲哀的眸子里多了些坚定。

　　然而，他还是难忍对父亲那无尽的思念。

　　老拉里·香巴尼生前是一名出色的橄榄球运动员。拉里在父亲的影响下，也对橄榄球运动深为喜爱。闲暇时间，父子二人经常在社区的草坪上一起打球。那时候，父亲会教给他很多打球的知识技巧，更不忘适时地给他鼓励和褒奖。

"好了，儿子，开始。第四次进攻，距离目标5米，还剩最后1秒，就看香巴尼的了！预备——就位！传球！这就是快速传球……他到了外围，耶！香巴尼触地得分取胜……哇！真不愧是我的儿子，好样的！有一天你会成为大明星的，儿子！"

父亲的话犹在耳际，可是以后，却再也无法跟他一起交谈嬉戏了。想到这点，拉里就感到一阵阵心痛。他看着父亲生前的照片，还有他获得的许多荣誉证明，顿觉物是人非，不禁泪流满面。

●●● 校车很讨厌

时间还在继续向前。转眼一个月过去了，笼罩在拉里家中的悲哀气氛似乎在慢慢消逝，拉里也逐渐恢复了往日本色。这不，刚刚在草坪上与小伙伴查克结束一场激烈的"战斗"后，拉里便开始琢磨如何对付那个令人讨厌的校车司机威格

◄► 拉里的生活又恢复了往日的平静

金斯太太。

"威格金斯太太真无聊，不知道她结婚了没有。"他向查克问道。

"不可能！她是司机。"查克和拉里的观点很一致，他也不喜欢威格金斯太太，甚至讨厌所有的司机。

"校车很讨厌，要想点好玩的。"拉里打算搞点恶作剧。

"放个气垫玩具？"查克建议说。

"不！太老套了！"

拉里对这个建议不满意。"要想个好玩的才行。"他说道。

于是查克答应他回去再好好想想。拉里兴奋地回到家中，却看到弟弟杰伊正独自坐在沙发上，抱着狗狗伤心地哭泣。

杰伊想爸爸了。

"我知道，杰伊，我也想他，但爸爸不希望你伤心。"拉里拍拍弟弟的肩膀安慰道。

"我控制不住。"杰伊年龄太小，控制不住自己。

"尽力吧。"只说了这3个字，拉里就躲进了自己的房间。不是他不关心弟弟，而是他不知道该怎么去安慰，因为他自己也一刻都没有停止过对父亲的思念。现在，他最希望的是自己能快点长大，到时候能和父亲一样英勇出色。

●●● 打　架

像往常一样，拉里和弟弟一起坐在车站，等待即将来接他们上学的校车。他问弟弟作业的完成情况，并提出要检查。

"不行。"杰伊拒绝道。

"你没做作业？"

"那又怎样？我的数学好。妈妈老得辅导你。"杰伊愤愤不平。

"我看看你的作业。"拉里坚持着，并伸手想要夺过杰伊的书包。

"别像爸爸一样！"杰伊大叫起来。这话让拉里非常生气，他想拿出哥哥的威严，哪知杰伊也不甘示弱，两人扭打在了一起。

恰在此时，校车开了过来，停在了他们的前面。司机威格金斯太太打开车门对着他俩吼道："别打了！赶快上车！"

她总是用大嗓门吼那些不听话的孩子。拉里和杰伊只好停止，一前一后地坐上车。

"孩子，你可真够粗暴的！"威格金斯太太批评拉里道。然而拉里看看她，并没有像从前那样反击，只是诡异地对她笑笑，并微微点了点头。

今天连最难对付的捣蛋鬼拉里都这么有礼貌，能很认真地听自己的话，威格金斯太太觉得很满意。然而她又哪里能想到，接下来她将要遭受怎样的"特殊礼遇"？她浑然不知地继续开车，接其他几个孩子上学，这里面就有查克——拉里的好伙伴，几天前，他们俩曾共谋对付威格金斯太太。

●●● 校车上的恶作剧

"该捉弄一下威格金斯太太了。"查克上车后对拉里说，然后从书包里拿出准备好的橡皮筋递给拉里。显然，他已经想好了对策。

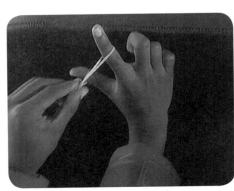

▼两人在车上捣乱，引起了大家的反感

"撕张纸给我！"他命令坐在右侧的小家伙。然后拉里、查克两人熟练地将纸球套在橡皮筋上，开弓射了出去，准确无误地打在了威格金斯太太的肩膀上。拉里和查克击掌相庆。

由于疼痛，威格金斯太太叫了起来。"哦！谁干的？"孩子们纷纷指向拉里。拉里调皮地举起手中的橡皮筋，吐吐舌头。

"你就闹吧，拉里·香巴尼先生，你们等着，我这就停车。"威格金斯太太十分震怒，这些孩子简直无法无天了。

然而调皮的拉里和查克并不

惧怕威格金斯太太，他们相互对视了一下，接着又迅速地将手里的纸团丢向前面位子上的女孩。

"别闹了！"女孩叫道。

"给我住手！"威格金斯太太听到女孩的喊声，对着汽车的后视镜叫起来。

然而对于捣蛋鬼查克和拉里来说，这似乎并不起什么作用。过后，拉里和查克又用手指去弹前面女孩的后脑勺。

"威格金斯夫人，快制止他们！"女孩生气地喊道。

威格金斯太太终于停下了车。"给我听着，我知道你们在后面搞什么鬼，车马上就到学校了。听明白了吗？听明白了吗？"她走到两个家伙面前，严厉地说道。

"是，威格金斯夫人。"

"是，夫人！"

快到学校了，拉里和查克只得作罢，他们可不想这样的事情让老师知道，那样就有大麻烦了。而且，反正已经成功地捉弄了威格金斯太太，所以他们便无所谓地瞟了瞟眼睛，点头答应。随之，二人相视一笑。他们还不知道，很快，威格金斯太太就会向他们发起反击，以制止他们的调皮捣蛋。那么，威格金斯太太到底会以怎样的方式对付这两个淘气的家伙呢？

●●● 变　动

晚上放学后，杰伊将白天和拉里打架的事情告诉了母亲。得知此事，母亲准备和拉里谈谈心。

"嘿，坐到这边来。"她叫拉里来到自己身边，"杰伊说你俩今天打了一架。"

"我只是问了问他做完作业没有，爸爸会希望他完成作业的。"拉里解释说。

"我知道。"

"他为什么要离开我们，妈妈？"每当想到爸爸，拉里就感到非常难过，他不明白为什么爸爸会突然离开。他还不懂死亡到底是什么。而面对这样的问题，母亲似乎也不知道该怎么向儿子解释。

"我不知道，亲爱的，我不知道……但是，有时候我能够感觉到他的存在……有的时候，我知道他就站在我们身边，他在看着我们，保护着我们。"

"我想爸爸，妈妈。"拉里有些要哭出来，母亲将他搂在怀中。

◀ 拉里也时常想起父亲
▶ 威格金斯太太做出了一个让拉里惊讶的决定

"我知道，宝贝。我知道……我也想他，宝

贝……但是，一切会好起来的。知道吗？我们会好起来的。"母亲抱着拉里安慰着说道，她的怀抱和安慰让拉里觉得心情好了很多。

第二天早上，拉里和杰伊又像往常一样坐上校车。然而，车里的变动令他非常不快。

"好了，两位。我们做了一些变动，你们现在都有一个指定的座位了。"威格金斯太太大声地说道。

"什么？"一时之间，拉里还不太明白她的意思。

"杰伊，到后面去。拉里，你坐中间，右边，往后走两排，这样我就能看着你了，香巴尼先生。"威格金斯太太总是习惯嘲讽地称拉里为"香巴尼先生"。

此刻，"香巴尼先生"对她调整座位的举动相当不满："为什么？"

"你问得太多了，请坐过去。"威格金斯太太不准备回答他。

拉里只得讪讪地坐在那个指定的座位上，威格金斯太太用这个方法，把他和杰伊，还有查克分得远远的。这让拉里心里十分郁闷。

●●● 不愿坐校车

由于座位调整，拉里更加不喜欢乘校车去上学了。这天早上，他要求妈妈送他和弟弟去学校。

"妈妈，我不想坐校车了。"他哀求妈妈。

"拉里，这不是什么问题。"

"您送我们上学吧。"弟弟和拉里一起恳求妈妈。

"孩子们，咱们方向正相反，我快迟到了。"妈妈一边收拾东西一边说道。

"妈妈，求您了，就这一次。"两个人采用了死缠烂打的策略。

不得已，妈妈只好做出了让步："听着，我把你们送到车站，只能这样，可以吗？"

然后不待孩子们回答，便命令道，"快点，我们走。快上车，我还得去上班。"

虽然事情打了折扣，但两人再也说不出什么了。

妈妈将拉里和杰伊带到车站，对有些不情愿下车的两人说道："好了，你们得下车了。好了，宝贝，快下车吧。晚上见……在学校好好的，好吗？听话！"

拉里和杰伊耷拉着脑袋，悻悻地从妈妈的车上下来，不得不再次乘坐可恶的校车去学校。拉里实在不愿意坐在那个所谓的指定位置，因为他觉得这是威格金斯太太对自己极大的不尊重。

●●● 校车失控了

"威格金斯夫人，我们为什么要坐指定的座位？"上车后，拉里不满地看着威格金斯太太问道。

"你们需要纪律约束。"威格金斯太太不想多回答他的问题，知道跟他这样的捣蛋鬼说不清楚。

汽车很快就到了下一站，威格金斯太太立马换了一副微笑的表情，因为等车的是几个听话的女孩子。

"早上好，姑娘们……"她突然看见了后面的查克，这又是一个令人头疼的小家伙，于是笑着说道："年轻人，请记住新安排的座位。"她对自己重新安排指定位置的想法感到很满意。

"你妈妈也不愿意送你上学？"拉里对上车的查克问道。

"是的，我讨厌新座位。"查克同拉里一样，对新座位深为不满。这两个以前总坐在一起捣乱的伙伴如今被分派到不同的位置上，再也无法"合作"了。

威格金斯太太驾着校车匀速前行。然而在驶向高速公路后，始料不及的事情发生了。威格金斯太太不知道发生了什么事情，突然"哦"的一声，然后就沿着座位一边晕倒了过去。

没有司机的校车一下子失去了控制，像是喝醉了酒似的，在公路上左冲右撞，不停地颠簸。路边的隔离栏杆一次次地遭受它剧烈地冲击，幸好这些栏杆足够结实，校车才没有冲出公路。

车里顿时一片混乱，女孩子们吓得尖叫起来。所有人都从座位上被甩了出来，车子晃动得很厉害。此刻，想要站起来，那几乎是不可能的。更要命的是，路上的其他车辆并不知道这辆校车发生了什么事，都拼命躲避着。一时间，刺耳的刹车声和喇叭声此起彼伏，公路上也陷入了一片混乱。

谁能把它停下来？

●●● 刹车在哪里

汽车已完全失去了方向，车身擦过隔离栏杆，撞击出一阵阵刺眼的火花，一旦哪根隔离栏杆有松动，他们随时都可能丧命。后面的车辆也在不住地鸣笛示意，车内已乱成了一锅粥。

▼ 拉里试图把校车停下来

"拉里，拉里。"由于害怕，杰伊在后面不断地喊着哥哥的名字。

可是拉里已经无暇顾及弟弟的呼唤，他小心翼翼地扒着座位的靠背，一点点挪到司机的座位上，想要试着把这个家伙停下来。

可是他从没开过车，"刹车在哪儿呢？"他摸索着，紧紧地握着方向盘。

"刹车在哪儿？"拉里大叫道。

杰伊和其他孩子强忍着害怕在后面给他打气："拉里，小心……小心前面的车！"

前面一辆蓝色的车不知后面的情况，依旧在缓慢地行驶；后面一辆红色的车在不断鸣笛。若不能找到刹车，校车自己是不会停下来的。三辆车若是撞在一起，后果将无法想象。

孩子们害怕极了。拉里也很害怕，但他只能极力克制住自己心中的胆怯，尽量镇定下来，找到刹车制动。

●●● 脱　险

汽车跑得越来越快，也摇摆得更加厉害了。拉里好像骑着一匹脱缰的野马一样，看着它在车水马龙的高速路上肆意撒欢。

不过他仍旧在摸索寻找。他发现威格金斯太太的脚横在座位前面，便慢慢地将她的脚移开，终于在下面找到了刹车。

▲ 拉里神经高度紧张
▼ 查克很为拉里担心

"快点，踩刹车，快呀！"查克喊道。

拉里拼尽力气在那个刹车的位置上踩下去，汽车在滑过一道很大的弧线后，发出"嘶嘶"的刺耳响声，然后奇迹般地停在了路边。一直在后面的红色汽车也随之停了下来。

拉里成功了！他长长地缓了一口气。

孩子们好像从噩梦中惊醒一样，又是后怕，又是高兴，几个女孩子都哭了起来。

"出什么事了？"她们根本还

不明白刚刚为
什么会那样。

"威格金斯夫人！"

"威格金斯夫人，醒醒！"

拉里顾不上回答大家的问题，摇着倒在地上
的威格金斯太太的身体，大声地叫道。孩子们也
都拥过来，不断呼唤她醒来。

后面那辆红色车的主人走上前来，敲着车门
关心地问发生了什么事情。"都没事吧？我没能
及时刹车。"那是位中年男子。看到终于有大人在，
孩子们感到放心了。

"她需要帮助。"拉里回答道。

中年男子看了看躺在地上的威格金斯太太，
她依然昏迷不醒。他大概检查了一下威格金斯太
太的脉搏和鼻息，然后对孩子们说："不用担心，
她还活着……现在我们要做的就是赶紧打电话到
医院求助。"

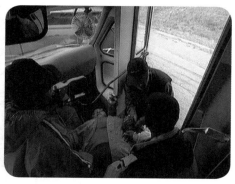

◄ 校车终于停下来了，拉里成功了

► 中年男人查看司机的情况

"拉里，无线电。"查克提醒拉里打电话。

查克的建议让拉里理智了很多，他赶紧拿起威格金斯太太的无线电，直接呼叫医院："我们需要帮助！司机受了伤……晕过去了。"

打完电话，拉里终于松了一口气，这时，他才突然想起了弟弟杰伊。

"杰伊！杰伊！"他叫道。

"我没事，拉里。"杰伊从车厢后面走了过来。由于刚才的紧张，以及此刻脱离危险的兴奋，两兄弟紧紧地拥抱在一起。

"是拉里救了我们！"查克喊道。

大家以热烈的掌声对拉里表示感激，对他勇敢的行为表示赞叹，然后异口同声地叫着拉里的名字："拉里！拉里！……"拉里和大家兴奋地簇拥在一起。

●●● 拉里上电视了

"拉里，杰伊。"晚上回家后，妈妈什么也顾不上做，赶紧把两个孩子叫到了身边。她听说了白天发生的一切，非常担心。"怎么回事？我刚听说。我还以为你们惹事了呢，校长说出了车祸。"

"司机晕倒了……是拉里开的车，他救了大家。"杰伊兴奋地告诉妈妈关于哥哥的英勇举动。

"你开的车？"母亲觉得有些不可思议，因为拉里从来没开过车。

"总得有人那么做，没什么了不起的。"拉里很坦然地回答。

就在他和妈妈、弟弟谈论此事的时候，电视里的新闻吸引了他们的注意力。播放的正是白天发生在高速公路上有关失控的校车的事。拉里救人的英勇画面已通过电视传到了千家万户。拉里上电视了！

电视里面，拉里神采飞扬地对人们叙述事情的经过。

"……于是，我跑到车前部，抓住方向盘……一辆大卡车过来了……我吓坏了，就把方向盘打到左边，我都快疯了。突然，我的头撞到了方向盘上，我摔倒了，但我爬了起来。对面的车越来越多……最后，我们的车终于停了，没事了。"

▲ 拉里上电视了

拉里凭借自己的勇气和胆识以及智慧救了大家。为此，大家都赞赏地称拉里为英雄。看到这一幕，妈妈十分高兴。"爸爸一定会为你感到骄傲的。"她对拉里说道。

想到自己的行动能让爸爸为自己感到骄傲，这更令拉里高兴。他一直希望能做个爸爸心里面的好孩子，做个不一样的人，如今他终于成功地做到了！看着屋子里父亲的那些荣誉证书，他相信有朝一日，自己一定也能用实际行动，为自己、为家庭赢得辉煌的荣誉。

小记者哈米尔采访实录

　　拉里一直以自己的父亲为骄傲和榜样，突然发生的校车事故给了他一展身手的机会，并且他成功了。拉里的真实感受是什么呢？我们一起来看一看吧！

　　哈米尔：你什么时候发觉司机不对劲的？

　　拉里：我看到司机的时候，就觉得她不对劲了，她当时躺倒在车子的地板上。后来我们才知道她中风了，右半身瘫痪了。

　　哈米尔：车子摇摇晃晃，大家都跌跌撞撞的，我想，要走到车前部很不容易。你是如何保持身体平衡的？你也跌跌撞撞的吗？

　　拉里：我能保持平衡，因为我一直抓着座椅往前走。

　　哈米尔：到达前边以后，你都做了些什么？

　　拉里：我到前边的时候，车子好像撞了护栏，被弹回了路中央。当我抬头看的时候，有很多车在按喇叭，他们在竭力躲避我们的车。我只能牢牢握住方向盘，然后踩刹车。车子停了，一辆卡车从后面擦了过去。

　　哈米尔：你那天上了校车真是万幸，你对自己所做的一切吃惊吗？

　　拉里：是的，我简直不敢相信。

　　哈米尔：你对自己有没有更进一步的了解，拉里？

　　拉里：我发觉自己有勇气去做一直想做的事情了，感觉像超级英雄！

急救常识之"汽车事故"

1. 要在距事故现场合适的地方停下车，并注意保护好事故现场。向别的司机发出警告。放置三角形警告标志，标志的位置必须与事故现场有相当一段距离，以便司机们有足够的反应时间。也可以用手势告诉路过的司机这里的情况。

2. 若事故的发生在晚上，用闪烁的灯光也很容易引起人们的注意。挥舞手电筒成圆弧状，也能达到同样的目的。还可以使用浅颜色的围巾或白衬衫来引起别人的注意。

3. 在保护好事故现场后，立刻去寻找帮助。打急救电话时要告诉对方有关的情况，以便让急救人员能迅速采取正确的行动。你必须回答5个问题：发生了什么？什么时候发生的？什么地方发生的？有多少人受了伤？打急救电话的人是谁？

4. 如果有可能，尽量及时把受伤者从车中转移到安全的地方，以防止车辆爆炸造成更大的伤害。

5. 迅速而小心地救出不省人事的受伤者。可以使用劳特克搬运法：从身后抱住受伤者，双手从上方抓住他的前臂，把他拖向你的大腿。用这种方法可以移动比你重得多的人。

6. 如果伤者出现了休克现象，就要把他放置成休克位：把腿抬高，这有助于血液流回头部，恢复血液循环。

REAL KIDS / REAL Adventures

网络大营救..........

嗨，大家好，我是小记者哈米尔。网络是现代人生活中不可或缺的信息交流工具。多数人上网都是为了聊天、打游戏、购物和查询旅游信息，而12岁的西恩·里登却利用它救了一条人命。和现实中的英雄故事不同，这是一起发生在网络虚拟世界的救人事件。故事发生在美国得克萨斯州一个叫登顿的地方……

●●● 噩 梦

又是一个深夜，别人都在熟睡，但是西恩却在生与死的边缘挣扎。

西恩猛然从床上坐了起来，满头大汗。他显得很害怕，也很痛苦。床头书桌上的灯散发着淡黄色的光，旁边有一个小型的口腔喷雾剂，这是西恩随身携带的一件东西。他伸手拿过来，赶紧往嘴里喷了几下，但这并没有像往常一样立即缓解他的痛苦。西恩两只手牢牢攥紧小小的口腔喷雾剂，犹如抓住了一根救命稻草。

然而在梦里，西恩连一根救命稻草都没有。到处都是水，深不见底，一片漆黑。他随着波浪起起伏伏，看不到一个人，想喊却喊不出声，呼吸困难，胸腔憋闷得几乎要爆炸了似的。好不容易从梦中惊醒了，可现实的情况却和梦里一样恐怖。他只是干张着嘴，喘不上气，连叫妈妈的力气都没有。

几乎就在西恩坐起来的同时，睡在隔壁的妈妈也醒了。从来都是这样，不管是夜里什么时候，只要西恩这边稍微有一点异样的动静，妈妈总是能在第一时间感觉到。她顾不上穿鞋，赤着脚跑到儿

子的床边，轻声说："噢，宝贝。又做噩梦了？看来这次很糟糕，西恩。"

西恩还是说不出话，看见妈妈，他眼睛里稍微平静了一些，点了点头，突然眼前一黑就什么都不知道了。

●●● 抢 救

也不知过了多长时间，西恩逐渐恢复了意识，但眼睛还是睁不开，耳旁是一阵杂乱的脚步声和车轮的声音。他感觉自己好像正在被一群人送往什么地方。

"7号抢救室。"西恩听见一个男人洪亮的声音。

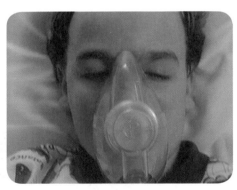

▼ 西恩被及时送往医院

"好的。"有几个人应道，然后又"吱呀"一声，像是一扇门在自己身后关上了。

"妈妈等着你，宝贝！"门外传来妈妈的声音。西恩这才明白，这不是做梦，这里是医院，自己又获救了。

西恩每隔一段时间都会来医院做一次检查，当然每次都是由妈妈陪着。只是这一次情况比较严重罢了。经过一阵忙碌，西恩已经脱离了危险，躺在病床上安静地睡着，嘴上戴着氧气罩，这起码能保证他不至于再次从噩梦中惊醒。

医生看了看熟睡的西恩，对

神情紧张的妈
妈说："他的情况很
好，已经没事儿了，你放心吧，
太太……不过，我们还需要再观察至少一个
晚上。"

听完医生的话，妈妈就像吃了定心丸一样，
长舒了一口气："上帝保佑，没事就好。谢谢你，
医生……他总是做噩梦！"

"对哮喘病人来说，这很正常。胸腔有烧灼
感，四肢麻木，呼吸困难，甚至发不出声音，失
去知觉。这种病多是在夜里或是凌晨发生，幸
亏抢救及时，要不然事情会很糟糕。"医生对西
恩的情况比较熟悉，但还是再一次嘱咐妈妈要
好好照看他。

"哦，这些我都知道，谢谢你，医生。他最
近总上网给全家找旅游线路，可能是比较劳累

吧……他现在真的没事了吗？"妈妈终究还是不太放心，因为这一次把她吓坏了。

"没什么大碍了。"医生肯定地说。

●●● 聊天室

西恩讨厌哮喘，因为那种喘不上气来的感觉使他的生活变得一团糟，连最喜欢的篮球也不得不放弃了。身体康复以后，他只能裹得严严实实的，坐在场边的休息椅上看别人玩。唯一的乐趣就是把他差点死掉的经历讲给小伙伴们听。

"真的吗？那是什么时候的事？"他们虽然知道西恩有哮喘的老毛病，但听他一说还是很惊讶。

"一个多月前吧，在医院呆了一个晚上。"西恩现在说起来也没觉得当时有多害怕，这也应该算是一次很酷的经历。

"那你的哮喘很严重吗？"

"呃……后来还好。不过还是不能打球，因为……可能会复发的。"西恩无奈地说道，看到篮球从他们手中飞进篮筐，真想上去过一把瘾。

"所以你才老玩电脑，对吗？"红头发的卡尔一直都认为西恩很没用，连篮球都玩不了，光知道待在家里上网。

"不是，我在教我妈妈上网。"西恩觉得他们的篮球水平和自己的电脑水平不可同日而语。他看了一眼卡尔，懒得理他，径直往家走去。他还有更重要的事去做，今天得教妈妈学用聊天室。

　　"嘿！西恩，看起来气色不错。今天得该学什么内容了？"他一进门，就看到妈妈正在等他。

　　"也许会上'看门人'吧。"西恩来到电脑前坐了下来。

　　"看门人？"妈妈愣了一下，一下子没明白过来儿子说的话，"哦，我都听不懂你在说什么。西恩老师……可以再说一遍吗？"

　　西恩知道妈妈在跟自己开玩笑，于是很认真地解释了一遍："'看门人'是一个聊天室，大家都扮演各种角色，然后上去聊天。"

　　说着，西恩打开了一个聊天室，对妈妈说："今天没几个人，只有'巫师'和'亚瑟王'。妈妈你看，我准备用'米高什'这个网名。看到了吗？有'米高什'这个人了。"

　　电脑上确实出现了"米高什进入聊天室"的提示字样。

▼ 詹妮弗被妈妈追问得有点慌乱了

▲ 西恩觉得詹妮弗比较无聊
▼ 西恩注意到了聊天室里的变化

●●● 詹妮弗

"对，大卫，你一定不能迟到……噢，妈妈！学校舞会我找到了舞伴，我说过的，他叫大卫。"说话的是詹妮弗，西恩的姐姐，比他大两岁，正打着电话从楼上下来。她只顾打电话了，没看到妈妈也在客厅当中，这让她显得有点儿慌张。

妈妈虽然没弄明白詹妮弗说的是什么，但"大卫"两个字真真切切地进入了她的耳朵。妈妈忙问："大卫？谁是大卫？"

詹妮弗被妈妈一问，更加慌了，急忙拿着电话就往楼上跑。

妈妈紧走两步到楼梯口，追上了詹妮弗，问道："在哪儿认识的？詹妮弗？"

"妈妈……"詹妮弗还是没有放下手里的电话，一时也想不起来应对的话，只好向妈妈撒起娇来，"回头再说行吗？我在打电话。"

"不行。把电话挂了，说你在哪儿认识他的。学校？"妈妈还是紧紧追问。

詹妮弗没办法了，只好承认："是的，妈妈，是在学校认识的。我们有时候会上网聊天或者打电话。"

妈妈又好气又好笑，她知道这个年龄的小女孩的心态，软硬不吃，真拿她没办法。

西恩想不明白为什么詹妮弗会这样，他也懒得去想，他觉得自己的这个姐姐有点儿无聊。他走过来说:"妈妈,我知道大卫,我也和他聊过。他总去'看门人'聊天室,那儿的人都认识他。"

"詹妮弗!詹妮弗!"就在西恩和妈妈说话的时候,詹妮弗抓住机会跑上了楼,任由妈妈在下面喊也不回头。西恩用同情的眼神看了一眼妈妈,两手一摊,做无可奈何状,转身又回到了电脑前。

●●● 帮帮我

这时聊天室里又出现了一个新成员"苏珊·希克斯",看名字是个女孩子。让西恩感到奇怪的是,她发出的第一条信息并不是"大家好"之类的常用问候,而是"有人能帮帮我吗?"

这是一个什么人物呢?西恩更加好奇了。紧接着,屏幕上又闪出了"苏珊·希克斯"发的第二条信息:"我喘不上气了。"西恩觉得这个人太不懂事了,甚至比詹妮弗还要无聊,在聊天室里怎么可以开这样的玩笑呢!有点儿过分了!

"喔!你被治好了。"果然,聊天室里的"巫师"也跟着发了言。西恩觉得这很有意思,大家玩会儿以假当真的游戏也是不错的。想到这儿,他也跟着发了一句:"巫师,你可真逗啊。"他打算以其人之道,还治其人之身,和"巫师"一起跟这个新成员开个玩笑。

然而"苏珊·希克斯"随后发来的一句话让西恩大吃了一惊："我的左半边身子没有感觉了，胸口憋得难受，说不出话，我下不了椅子了。"

　　西恩对这种感觉太熟悉了，他伸手摸了摸放在电脑旁边的口腔喷雾剂，似乎感到有一种不祥的预感。以防万一，他还是想确定一下。"是真的吗？"

　　屏幕闪动，"苏珊·希克斯"只说了三个字："是真的！"

　　西恩相信自己的感觉，这个人肯定是遇到麻烦了，应该不是在开玩笑。

　　"妈妈！妈妈！快过来！网上有个人，我觉得她出事了。"

●●●芬　兰

　　詹妮弗那边的事情还没有头绪，这边又怎么了？妈妈对西恩这种一惊一乍的举动并不感到奇怪。

　　"是假的吧，西恩？你不是说那聊天室里都是假扮的吗？"第一感觉告诉她，这一定是小孩子的恶作剧。

　　"是的，可是……"西恩一时也说不清为什么会相信那个人的话，"可是她说的

▲西恩对这件事也是将信将疑

症状——胸口憋闷，动不了什么的，感觉很像是哮喘病。"

"你最好再确认一下，若真是那样，她不会打911或者EMT吗？"

西恩觉得妈妈说得有道理，于是就在聊天室里按妈妈的原话问"苏珊·希克斯"。但是好半天屏幕上都没有动静，这让西恩感到很不安。

"妈妈，她真的出事了！"谁知，西恩刚说出这句话，"苏珊·希克斯"又回复了，只是答案让西恩和妈妈很是意外："什么是EMT？"

哦，上帝啊！她怎么连"紧急救护医师"都不知道，西恩和妈妈都觉得这很不可思议。因为在美国，911和EMT是一个基本常识。

"你多大了？"西恩也有点怀疑自己的判断

了，可能真是恶作剧，要不这个人就是个 3 岁以下的小孩子。

"20！"

西恩和妈妈相互看了一眼，越来越纳闷了。这可真是稀奇，于是西恩又问："你在哪儿？"

"卡拉瓦。"

卡拉瓦是什么地方？西恩从来没听过这个名字，正想再问，对方又发过来两个字：

"芬兰。"

●●● 泰亚·莱廷

"芬兰！欧洲的芬兰？"妈妈惊讶地看着儿子，她可从来没想过那么远的地方，"在地球的另一边，这不可能是真的！"

"还有别的芬兰吗？"西恩无奈地说道。妈妈有点大惊小怪了，在网上任何事情都是可能发生的。

"帮帮我！这不是在开玩笑！"又一行字出现在屏幕上。

"你怎么会在'看门人'聊天室呢？"西恩要找到足够的理由支持自己的判断。

◄► 妈妈也过来关注这件事

"为了练英语。"

"你的真名叫什么？"

"泰亚·莱廷。"

"泰……泰……泰亚·莱廷。"西恩一下子明白了，这绝对是真的，她需要帮助，"妈妈，我们要打电话给911。"

"宝贝，我们不知道她的情况。"妈妈看到儿子有点激动，他从来没有这么激动过。

"可……可她会死的。"西恩顾不得妈妈的反应，一边说一边拿起了桌子上的电话准备拨打911。一种从未有过的感觉让他完全有理由相信这一切，那种喘不上气的感觉别人是体会不到的，或许这就叫同病相怜吧。

●●● 占　线

可是电话里却是詹妮弗和一个男生的通话声音。

"詹妮弗！詹妮弗！别占着电话！"西恩忍不住对着电话大喊起来。而楼上的詹妮弗可不管这一切，他正在和大卫煲电话粥。西恩越是喊，她越是霸占着线路："别惹我发火，西恩……哦，对不起大卫，是我弟弟。"

"詹妮弗，快挂电话，有急事。"妈妈也开始着急起来。在这个时候，她要站在儿子这边。不管网上那人的情况是真是假，她决定都要支持西恩。哮喘病一旦发作起来，实在是太可怕了。她能理解儿子的心情。于是妈妈又对楼上喊道："詹妮弗，真的是有急事！"

"好啦！好啦！……大卫，待会儿再给你打好吗？"詹妮弗悻悻地挂断了电话。

"谢谢！"西恩听到詹妮弗已挂断，立刻拨出了911。听着听筒里"嘟嘟"的声音，西恩突然紧张起来。他从来没遇到过这样的事情，看着电脑上那一行行求助的文字，他分明能听到一个跟自己一样的人近乎绝望的求救声。西恩下意识地又摸了摸电脑旁边的口腔喷雾剂……

一定要救她！

●●● 911

911接线员听到西恩的报警后，觉得这很荒谬。网络聊天室里有人求救，并且还是通过一个小孩子求救，这听起来像是天方夜谭。

"孩子，你叫什么，多大了？"接线员不紧不慢地说。

"西恩，12岁……真的，请您一定要救救她，她喘不上气，胸口憋闷，下不了椅子。"

黛布拉接通了外线，电话
调度员紧急接通国际线路

　　接线员觉得这个孩子编的故事很离奇，于是
又问："好的，我们马上派救护车，你说的那个人
在什么地方？"

　　"芬兰，卡拉瓦。"

　　"芬兰？"接线员被这个孩子的话逗乐了，"可
我们只负责美国的登顿和达拉斯地区。"

　　"可她需要帮助。"西恩在电话里着急得要命，
他不知道怎么让对方相信自己。但是，对于任何
人来说，这都是一个不容争辩的理由。

　　911执勤办公室里的所有人都被这个电话吸
引了。人们七嘴八舌，对这个孩子说的情况是真
是假议论纷纷。然而电话里西恩急切的声音让他
们不由得不信。但是处理这样的跨国事件并不是
那么容易，需要多方面配合调度。黛布拉是今天
的执勤组长，她果断下达命令，全力处理这件事
情：一方面，通过电话调度员接通国际线路，连
接芬兰赫尔辛基，然后接通卡拉瓦；另一方面，
告诉西恩，想办法明确求助人的详细位置。

　　西恩高兴极了，看来事情进展得还算顺利。
他稍微抑制了一下激动的心情，在电脑上快速敲
出了一行字询问泰亚·莱廷："你的具体地址？"

▲ 詹妮弗并不知道发生了什么

●●● 大 卫

"噢，太过分了。大卫来这儿捣乱了！"正当西恩满怀希望地等待泰亚的回复时，一个名叫"大卫"的家伙突然出现在了聊天室，说是要找詹妮弗，问她为什么不回他的电话等等。

简直是无聊透顶。西恩拿大卫没办法，只好把火撒到詹妮弗身上，很生气地说："大卫进了聊天室，他想给你打电话。快点，真要命！告诉他不要来干扰我！"

詹妮弗并不清楚正在发生什么，以为还是像平常那样，西恩是在故意找自己的茬，所以她懒洋洋地从楼上下来，说："这才好呢！我要让他以为我在故意冷落他！"

妈妈拿过詹妮弗的无绳电话，与西恩一起关注事情的进展，同时又扭过头来对詹妮弗说："亲爱的，真的有很重要的事，先顾不了你的大卫了。不过，别担心，反正以后你也不能和他约会了。"

"妈妈！"詹妮弗一赌气又上了楼，随后响起"砰"的一下摔门声。

看见没人理他，大卫很快知趣地消失了，聊天室再次恢复了平静。西恩又发了一遍"你的具体地址"，这么长时间没见泰亚回复，真担心她有什么不测。

●●● 走过了

"电脑图书馆……卡拉瓦大学，凌晨2点。"谢天谢地，她终于又说话了。

"卡拉瓦大学电脑图书馆，凌晨2点。"西恩急忙把这个地址告诉了911值班室。很快，这句话随着电话线传到了国际接线员那里。在了解了大概情况后，国际接线员马上接通了芬兰赫尔辛基，再由赫尔辛基接通卡拉瓦的急救中心。

就在所有人通过网络和电话线为这场营救做准备的时候，卡拉瓦大学的电脑图书馆里，泰亚·莱廷已经快要晕过去了。这个房间里只有她一个人，周围一团漆黑，面前的电脑发着幽幽的光亮，映衬着她那苍白的脸。汗水和泪水交杂在一起，顺着下颌滴落下来，她连抬手擦一下的力气都没有了，想哭但又哭不出声。她的左半边身子已经失去了知觉，只能用一只右手在键盘上艰难地敲着字。"看门人"聊天室里，远在美国的那个陌生小男孩是她活下去的全部希望。

"我快要晕过去了，救救我！"泰亚又吃力地敲下一行字。虽然西恩已经告诉她有人正在赶往那里的路上，但这时的每一秒钟

079

▲ 急救人员没有发现泰亚
▼ 西恩和妈妈一起关注着事态的发展

对泰亚来说都是煎熬，死神正在步步逼近。

"她快不行了！那边怎么回事？"地球的另一端，西恩比泰亚还要着急。看着聊天窗口里的信息，他开始焦躁不安起来，对着电话听筒不断催促道："噢，快点啊！她很痛苦！"妈妈在一旁拿着无绳电话也无计可施，只能随时与911保持联系。

911电话调度员、国际接线员、赫尔辛基接线员以及卡拉瓦救护中心都被一种紧张的情绪调动了起来。求救的信息通过看不见的电磁波穿越半个地球，只是为了齐心协力把生的希望带给那个女孩。

"好的，我们已经到了。告诉我她在第几层？"卡拉瓦救护人员已经抵达了目的地，开始进楼营救。

泰亚向西恩发送信息："我在第三层。"

西恩打电话告诉911急救中心："她在第三层。"

911急救中心转告国际接线员："第三层。"

国际接线员转达给赫尔辛基接线员："在第三层。"

赫尔辛基接线员告知卡拉瓦急救中心："在第三层。"

卡拉瓦急救中心通知到达电脑图书馆的急救人员："她在三层，听见了吗？她在三层！"

现场急救人员回复："好的，明白。我们已经进楼了。马上就到了，马上！"一阵紧急杂乱的

脚步声回荡在空旷
的走廊，卡拉瓦急救人员推
着担架床挨个房间寻找泰亚。

泰亚看见了他们，但是他们没看见她。她坐
的位置太偏僻了，从走廊上看正好是个死角。

"我听到了，可他们过去了。"泰亚向西恩发
送信息，无声的泪水再一次流了下来。她这种重
度哮喘病，导致呼吸困难，浑身动弹不得，想发
出一点声音也是难上加难。她只能靠一只右手敲
击电脑，通过网络把情况告诉西恩。

西恩禁不住对着电话吼了起来："怎么搞的，
他们走过了！听到了吗？他们走过了！"妈妈注
意到，西恩握话筒的手开始颤抖。

通过国际接线员，信息马上反馈到了卡拉瓦
急救中心："你们走过地方了，听到了吗？走过了，
请赶快往回找！"

又是一阵杂乱的脚步声，泰亚听得很真切，
她咬牙坚持着，她不想功亏一篑，眼睁睁地看着
生存的希望成为泡影。

●●● 谢 谢

"咣当！"门被推开了，几条明亮的手电光在黑暗的房间里交错，同时也照亮了泰亚求生的信念。那灯光分明就是生命的曙光，然而救援人员似乎并没有发现坐在角落里的她。这是最好的机会，若是再错过了，可能就真的完了。想到这里，泰亚使出了最后的力气，抬起右手在桌子上使劲敲了几下。

"咚！咚！咚！"响声虽然很弱，但在凌晨的图书馆里，救援人员听得真真切切。他们终于发现了泪流满面、气息微弱的泰亚。

"找到了！找到了！"瞬间这个消息就通过电话线飞到了美国。电脑前的西恩和妈妈听到后，都长长地松了一口气："噢，太好了！我们成功了！"

急救人员赶紧对泰亚实施了临时抢救，泰亚的精神顿时好了许多，但她并没有要立即离开的意思，而是请求救援人员让她做完最后一件事。泰亚含着激动的眼泪，在电脑上敲下了一行字："他们来了！谢谢，谢谢你救了我的命！"

西恩看到了，妈妈也看到了。幸福的笑容荡漾在他们脸上。而此时感到开心的并不只是他们两个，当泰亚被送往医院的时候，所有参与了这次营救的人都为12岁的西恩感到高兴和欣慰。所有人一致认为：小男孩干了一件了不起的事情！

小记者哈米尔采访实录

那件事情已经过去快一年了，西恩的哮喘病经过有效的治疗，已经好了很多。下面我们就来听一下他当时的感受。

哈米尔：讲讲事情的整个经过吧。

西恩：当时我在聊天室，有个网友加入进来请求帮忙。起初我以为她是在演戏，因为这个聊天室是角色扮演类型的。我问她是不是在开玩笑，她一直说"没有"。

哈米尔：这里的急救部门和芬兰的救护部门是怎么联系上的？

西恩：电话调度员接通了国际长途，几个接线员一起确定了她的位置，大家都是在电话线上沟通情况。最后终于联系到了卡拉瓦的救援机构，他们急忙派人赶到了图书馆。过了几分钟，她在网上打出一行字："我听到脚步声了，但他们走过了。"我告诉妈妈这个情况，她又赶快通知了调度员。

哈米尔：后来和泰亚还有联系吗？

西恩：嗯！过了一个月，她给我寄了一封信。

哈米尔：能念给我们听听吗？

西恩：好的，当然没问题——亲爱的西恩，很久没和你联系了。我有你的地址，不知道你是否也有我的，告诉你这个地址吧，如果你愿意，有空请给我写信。我现在还在医院，但是我相信一切都会好起来的……再次感谢你救了我！

REAL KIDS REAL Adventures

冰川遇险 · · · · · · · · · · · ·

　　嗨，大家好，我是小记者哈米尔。众所周知，冰川是巨大的冰块沿着山谷长期滑动积累形成的，其附近并不适合野营，也经常会给从上面经过的人带来危险。在加拿大阿尔伯达的埃德蒙顿，同为登山队队员的罗伊和卡尔是一对斗气冤家，无论什么事情都喜欢对着干，但一次紧急而危险的冰川救援却让他们成了一对好搭档、好朋友……

●●● 一对斗气冤家

罗伊和卡尔从来没有想过他们会成为好朋友。这两个来自加拿大阿尔伯达埃德蒙顿的小伙子同是登山队队员，但无论何时何地，人们都能听到他们的争吵声，即便是工作之时也不例外。

几周后，罗伊、卡尔和其他队员们要进行一次难度很大的登山，途中他们必须要穿过被冰雪掩映的森林，还有大面积的冰川。为了应对随时可能发生的雪崩和极其容易坍塌的冰窟窿，他们要提前演习，熟练掌握一些救命的技巧。

此刻，沿着一望无际的森林望去，视野中遍布着白皑皑的雪野。只是这样的静谧，却被罗伊的一声惊叫打破了。

"卡尔，我想我找到收发器了。"落在后面的卡尔听到罗伊的喊叫声，赶忙加紧步伐跑过来。

"动作快点儿！你应该紧跟在我后面的。"当卡尔追上来时，罗伊抱怨着，同时从硕大的背囊里拿出铁锹准备铲雪。一阵"嘟嘟"的声音不断从他们停住的地方传来。

"你肯定就是这儿吗？"卡尔有些怀疑。

"没错，绝对是这儿。"罗伊一边回答，一边

◀ 他们找到了收发器
▶ 斯蒂夫在一旁计时

顺着发声的位置，用铁锹将大块的冰雪铲走。然后他和卡尔一起，用手一点一点深入挖掘，终于找到了埋在雪层深处的收发器。

"好的，找到了。"罗伊拿起收发器兴奋地说道。

"斯蒂夫，我们找到了！"卡尔对一直躲在远处计时的野营指导员斯蒂夫喊道。斯蒂夫听到他的喊叫，赶忙过来，却听到罗伊在抱怨卡尔："我们？不，是我找到的。你在哪儿，忙着拍照片吧？"

"我也找了，罗伊。我们应该一起行动的，我就在你后面。"

两个人各执己见，喋喋不休。斯蒂夫适时地打断了他们的争吵。

"不错，这次的速度最快。如果是在真实的情况下，你们很可能已经救了我的命。我想说的是，只要你们不斗嘴，一定会是很好的搭档。好了，我们走吧。"三人收拾好东西，往前走去，准备进行下一个演习。

斯蒂夫夹在罗伊和卡尔中间，边走边继续解释："再过几周，我们就要去登山了。到时候很可能会遇到雪崩，还要经过一个冰川，那里有很多冰窟窿，所以我们才不断演练这些救命的技巧。一定要做到非常熟练，好吗？"

走在两侧的罗伊和卡尔相互对视了一下，然后不忘朝对方吐吐舌头，做个鬼脸，一副谁也不服谁的样子。

●●● 什么时候不争吵

三人继续前行，来到巨大的冰川之上，在这里进行冰川救援演习。

"你真见过有人掉进冰窟窿里吗？"罗伊问斯蒂夫。

"没有，不过任何事情总会有第一次的，做好准备肯定没错。"说话之际，斯蒂夫示意二人拿出绳索，然后继续说道，"记住，碰到有人掉进冰窟窿里，最好采用复杂绳索运送系统。"

三人各自把绳索的一端系在自己的腰际，另一端分别绑在同伴的腰上。罗伊和卡尔首先要确定自己的工作范畴。

▼ 斯蒂夫打断了他们的争吵，开始了下一个演习

"我用冰螺丝固定绳子。"罗伊说道。

"卡尔，你负责拉绳头，要利用自身重量保证搭档不掉下去。"斯蒂夫对卡尔说道。然后又再次叮嘱二人，"最好都记清楚，没准能用上。"

"明白。"

"知道了。"

罗伊和卡尔纷纷保证。

"好的，跟我来。"斯蒂夫带头，罗伊次之，卡尔最后，三人串在一根绳索上，小心翼翼地踩着冰面前进。

"你们要随时留意伙伴的情

况，千万不能出差错。"斯蒂夫不时要回头叮嘱一句。

罗伊和卡尔对斯蒂夫的话有点怀疑，他们不太相信如此厚的冰层会坍塌，有点心不在焉。

"救命！救命！我掉进冰窟窿了！出不来了！"突然，在前面的斯蒂夫身体趴在了冰川上，他仰着头向罗伊和卡尔呼救。因为太过突然，两人都有些傻了，一时之间手足无措。

"趴下！"斯蒂夫喊道。

这句话将罗伊和卡尔拉了回来，他们终于明白这只是斯蒂夫演的戏，他们是在演习呢！然后他们紧接着趴在冰上。

"我在打桩！"罗伊先行动起来。

"动作快点儿，小伙子们！再快点！"斯蒂夫吆喝道。

"我觉得这样撑不住。"卡尔看罗伊打桩的样子，觉得有些不伦不类，他怀疑那桩不稳。

"我知道。"

"只进去了一半。"

"好啦！我知道！"对卡尔的怀疑和牢骚，罗伊终于忍无可忍，扔掉手中的绳子，对卡尔嚷

▼ 看到二人不住地争吵，斯蒂夫显得很无奈

道，"那你来做。"

"把螺丝固定住，打好绳结。"卡尔看起来有条不紊。他把螺丝嵌进冰里，然后在上面绑好绳子。罗伊告诉他这样就可以了，让他拉一下试试。结果螺丝因为夯得不深，所以一拉就出来了。

"这样就好了？"卡尔嘲讽罗伊。

"行了，少在一边说风凉话了。"

远处仍然趴在冰上等待"救援"的斯蒂夫看着两个小家伙又吵了起来，无奈地摇摇头。"哎，真不知道，他们什么时候能够不争吵？"

●●● 不会有事的

时间不知不觉已经过了两周。罗伊、卡尔等人已经为即将到来的登山运动做了充分的准备。不过还有最后一项训练，那就是明天一早他们要出发，到冰川对面过上一晚，以适应不一样的环境。

现在大家都坐在营地的屋子里聊天。斯蒂夫对另一个成员比尔说他需要一个小货车，他要用小货车载着罗伊、卡尔到达冰川公园附近的小木屋。那里有负责人员会帮他们登记，以便出现特殊情况时，这边可以及时联系救援。

比尔表示答应。然后他看见罗伊在摆弄新做的雪橇，问道："你自己做的雪橇吗，罗伊？"

"啊，照抄斯蒂夫的。"

"你呢，卡尔？"比尔转向卡尔问道。

没等卡尔回答，罗伊便抢先道："他不是，他是跟我学的。"

听到罗伊这样说，卡尔觉得自己很丢脸，但这又是事实，所以只好等待让罗伊出丑的机会。

很快，机会就来了。

过了一会儿，斯蒂夫不知道怎么从沙发下面搜出了一件红色的坎肩，问："这是谁的？"

"是罗伊的。"卡尔赶紧抓住机会。

▼ 两人无时无刻不忘斗嘴

"仔细看好了！这可是他自己弄的。"罗伊感到很难为情。他不想让大家知道自己喜欢做裁缝，对一个男孩子来说，这太有损男子汉气概了。

看见他的表情，大家纷纷笑了起来。

"看样子你想得还挺周到。"

"呵呵，呵呵……"罗伊尴尬地笑着。

第二天一早，斯蒂夫开着从比尔那里要来的小货车，载着罗伊和卡尔很快就来到了冰川公园附近的小木屋。

"你们要在冰川对面待一个晚上才回来吗？"负责的警卫问道。

"对，明天傍晚回来。"斯蒂夫回答说。

▲ 斯蒂夫发现了罗伊的秘密
▼ 三人到小木屋登记

"好的，要是到时候还没有回来，我们就派狗出去。"

斯蒂夫觉得警卫说这话是多此一举，所以很轻松地回应道："放心，不会有事的。"

很快，斯蒂夫便做好了登记，然后谢过警卫，便招呼着罗伊和卡尔出发。

"走吧！"他大声对两个小伙子说道。

然而，冰川之行，真的会如斯蒂夫所想的一样，不会有事吗？在广袤的冰川上，一切都是未知数。

●●● 斯蒂夫哪儿去了

斯蒂夫带着罗伊和卡尔踩着雪橇，小心翼翼地穿过树林，往冰川方向滑去。在这样比较光滑的地带，雪橇应该算是一种既便捷又安全的交通工具了。

"小心，虽然慢点儿，不过到底比汽车安全，对吧？"斯蒂夫说道。

"没错，不过外面太冷了，我整个脸都冻麻了。"

"这儿的天气说变就变，有时候就像春天一样。"斯蒂夫告诉卡尔。然而他却不知道，这时候电视台正在播放一条极坏的消息：温度还会继续下降，傍晚气温大概会降到零下40度。

对于这些，三人当然一无所知。他们只是觉得眼下的路无边无尽，似乎很长时间才走了一点点。

"我以为我们已经走了很远了，不过看起来还早呢。还得走多久？"罗伊问斯蒂夫。

"我也说不清楚，也许还没走到那儿天就黑了。"斯蒂夫只能这样回答罗伊，他抬头看看远处的天空，然后嘟囔道，"看样子要起风了。"

"连个避风的地儿都没有，真是冻死了。"卡尔开始抱怨。

天气变得越来越冷，大家又冷又饿。夜里穿越冰河可不是什么好主意，以防万一，斯蒂夫决定停止前进，扎营过夜。卡尔和罗伊两个人就地掏出背包里的装备，而斯蒂夫则拿出锤子到周围察看地势。

趁此机会，卡尔偷了一会儿懒，拿出他心爱的相机拍照。"真漂亮！"他惊叹道，俨然一副小艺术家的姿态。

"整天就知道摆弄你那玩意儿！"罗伊开始嘲讽他。二人又开始吵了起来。

"没错，我喜欢。"

"好，好，懒得理你。"

"这就像你喜欢做裁缝一样。"

"随便你说吧。"罗伊继续整理准备搭建帐篷的东西，卡尔则继续拍照。

突然，罗伊听到"啪"的一声，他回头看去，发现斯蒂夫不见了。"斯蒂夫！"他喊道。

"斯蒂夫！"斯蒂夫仍旧没有回应。罗

◀ 三人准备扎营休息

▶ 他们突然发现斯蒂夫不见了

伊感到不妙。

"卡尔，出事了！"他大叫道。

"斯蒂夫！"

"斯蒂夫！"卡尔回过神来，和罗伊一起大喊斯蒂夫的名字。

然而，茫茫冰川之上，回应他们的只有呼呼的风声。

斯蒂夫哪儿去了？

●●● 他还活着

斯蒂夫只觉得突然"嘭"的一下，锤子便从手里不由自主地飞了出去，紧接着就感到自己迅速地跌进了一个黑洞洞的深渊之中，不断往下沉。幸好冰层下面是多年堆积的烂泥，他卡在了下面不能动了。而上面的卡尔和罗伊也终于发现了这个冰窟窿。

"有冰窟窿！"卡尔叫道，和罗伊飞快地跑到冰窟窿洞口，朝下面喊叫，"斯蒂夫！斯蒂夫，你没事吧？"

"斯蒂夫，你在下面吗？"

"说不定他死了。"罗伊悲伤地说。

"能听到我说话吗？"从下面传来斯蒂夫闷

闷的声音。这让两个小伙子兴奋极了，斯蒂夫——他还活着。

"能，能，斯蒂夫，别担心，我们马上救你出来。"罗伊马上安慰道。

"斯蒂夫，你没事吧？"卡尔问。

"我被卡住了，伙计。底下全都是烂泥，我根本动弹不了，地方太窄了。"

"好的。还记得吗，我们得用复杂绳索运送系统。"罗伊准备用演习中学过的方法。

但是这个有点危险，所以斯蒂夫赶忙叮嘱道："别乱来，你们先把绳子放下来，人不用下来。"

"好的，斯蒂夫。"卡尔应道，"我们要把绳子弄好，坚持住。"

"没错，我在撑着呢！"斯蒂夫在下面暂时还没有危险，听到这一消息，罗伊和卡尔感到放心了许多。他们冷静下来，开始施展救援。

●●● 从烂泥里出来了

气温仍在下降。

"如果开车的话，请注意雪盲的问题，另外风力越来越大了。"电视上，主持人每隔一段时间就及时播报天气情况，提醒大家注意安全。

比尔看到电视里的天气预报，十分担心斯蒂夫三人的安全。于是打电话给公园小屋里的警卫，询问三人的情况。

"噢，我知道，他们是早上动身的。我们让救援队做了准备，但你的朋友说可能要明天傍晚回来，我们现在只能等着。"对方的回答让比尔一时也不知该怎么办。

事实上，早上斯蒂夫他们刚出发后不久，警卫就已经给救援队打了电话，做好了随时去援救斯蒂夫他们的准备。只是如今一点消息也没有，所以他们不好做出行动。

当然，身临险境的斯蒂夫三人对这些情况一点也不知道。现在，罗伊和卡尔想的只是怎么把斯蒂夫救出来。

"我们应该下去。"罗伊说。

卡尔更理智一点："不行，还是把他拉出来吧。"他们需要打桩子固定绳索。

▲ 二人商量救援方案

▼ 卡尔终于把螺丝嵌了进去

"嘿，固定在哪儿呢？"罗伊问卡尔。

"不知道，我快冻死了。"卡尔的手、脸都开始变得红肿起来。太冷了！

"你们干什么呢，这么慢？"对于仍旧在冰窟窿里的斯蒂夫来说，每一秒无疑都是煎熬。

然而，冰层很硬很厚，罗伊根本无法将螺丝嵌进去。"不行，进不去，冰太硬了……"

"来……我来试试！"卡尔没等罗伊说完，蹲下来接过了他手中的工具。谢天谢地，他成功了，桩子深深地插进了冰面。他们把

095

绳子绑在上面，另一头
扔给下面的斯蒂夫，让
他抓住。然后罗伊和卡尔
跪在冰上，开始往上拉他。

"拉！1——2——3！"

他们一起用力，拉一节就在
打好的桩上固定一节。过了好长
一段时间，终于有了很大的进展。

"好，动了，小伙子们，我从烂泥里出
来了……继续拉！"斯蒂夫高声地喊着，语
气中带着喜悦。

●●● 咱俩挤到一块儿取暖

天越来越黑，风越来越大，并且席卷着雪
花呼啸而来。罗伊发现他们的东西都快被埋
住了。

"嘿，卡尔，东西都快被埋住了，最好看看
那些包。"罗伊对卡尔说道。

卡尔一边答应着，一边告诉斯蒂夫要暂时离
开一下。

"斯蒂夫，稍微等一下，我们马上就回来。
这鬼天气简直冻死人了！"罗伊喊道。

他们拍拍盖在包裹上的雪，然后从里面拿出
灯。因为光线太暗，他们看不太清楚。

"挡住风，对……好的。"罗伊准备点起它，
卡尔很配合地用衣服为他做掩护。

"好的，可以了。"罗伊笑笑对卡尔说。灯终
于亮了。

"我们继续吧。"卡尔回答，他们再次回到冰

窟窿那里，"对不起，我们刚才点了盏灯。"

"噢，好的，孩子们，你们还是动脑子了。"

然而，当罗伊和卡尔再次拉绳子的时候，发现比之前变得更费力了。他们经过检查发现，绳结全都被冻住了。

"有办法了，有办法了。我们用手裹住它，这样就行了。"罗伊想了想后提出建议。难得的是，卡尔竟然第一次认为罗伊的建议是对的。

"好办法。"他对罗伊说。

就这样，他们开始用双手护住绳结，试图用手的温度解冻。这招确实管用。

"你们干什么呢？"斯蒂夫觉得过了老半天上面都没有动静，着急地问道。

"我们在给绳子解冻，斯蒂夫，绳子都冻住了。"卡尔告诉他。

"你们可以先歇一会儿，恢复一下体力。现在这有绳子提着我，我没踩在湿泥上，下面也没有风，所以放心，我没事。"

听到斯蒂夫这样说，罗伊和卡尔也稍微松了口气。他们实在是

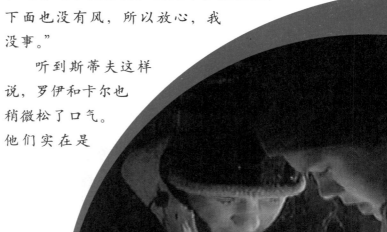

又累又冷，需要恢复点体力。

"那好，我们一会儿过来！"卡尔说道。

"咱俩最好挤到一块儿取暖。"罗伊招呼卡尔和自己坐在一起，然后从包里扯出一件毛毯，"这儿，再披上点儿东西……就这样吧。"他哆哆嗦嗦地说道。

卡尔竟然再次听了他的话，坐了过去。他们披着一条毯子，挤在一起互相取暖。这种情形也是第一次。

●●● 斯蒂夫又被卡住了

卡尔和罗伊挤在一起取暖，不知不觉，天已经发亮，他们恢复了力气，感觉好多了。

"好了，我们准备好了，斯蒂夫。开始拉，伙计。"罗伊喊道。他和卡尔继续拉绳子。

然而斯蒂夫却被卡住了，他对着上面喊道："哇，噢！停，停，卡住了！这下面不是直的，中间拐了弯，我正好被卡在窄的地方了。"

"那怎么办？"卡尔皱起了眉头。

"我也不知道，现在该怎么办？"罗伊也无计可施。寒冷已经开始让他们的肢体变得麻木，不听使唤。

"我的手都冻僵了，罗伊。"

"我也是，我的手都肿了。"

片刻之后，还是罗伊想到了办法："听着，我有个主意——我们做个绳梯。"

"你说什么？"卡尔不解。

"听着，我们要做一个绳梯，只有这一个办法了。斯蒂夫，我们准备做一个绳梯，等我们放下去之后，你把脚踩上去就行了。"罗伊赶紧把这个好主意告诉斯蒂夫。

"主意不错。"斯蒂夫赞叹道。"你们干得不错。继续努力！继续，别着急。"

罗伊和卡尔分工协作，很快就做好了一个绳梯，他们将绳梯抛下去递给斯蒂夫。"好了，绳梯放下去了，斯蒂夫，斯蒂夫！听到了吗？"罗伊喊道。

下面没有回应。

"斯蒂夫！伙计，回答我们啊！"

"斯蒂夫！"

然而，斯蒂夫老半天都没有应答。

斯蒂夫怎么了？

●●● 滑动绳结

由于又冷又困，斯蒂夫稍微迷糊了一会儿。很快他便恢复了意识，"我还好，我还好。我只是迷糊了一会儿。"他告诉卡尔和罗伊。

◀ 两人齐心协力做好了绳结

▶ 罗伊把绳子再次放了下去

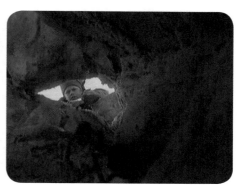

"看到绳梯了吗，斯蒂夫？"罗伊问他。

"对，对，看到了，我抓到了，太好了，小伙子们！"斯蒂夫在下面高兴地叫起来。随之，他又叫起来："糟糕！"

"怎么啦？"罗伊听到这里心头不禁一惊。

"下面太窄了，我的腿根本抬不起来。"

"那怎么办？"卡尔问罗伊道。

关键时刻，斯蒂夫自己想到了办法。他向外面喊："我有办法了！你们再打一个滑动绳结，我看能不能顺着绳子一点点儿爬上去，好吗？"

罗伊想起来，他们的包里正好有一个滑动绳结，看来保护背包没有让雪埋住是一个正确的决定。他急忙拿过来扔给斯蒂夫。

▲ 斯蒂夫已经到了洞口
▼ 他们在做最后的努力

"干得好，小伙子们。干得好！"斯蒂夫高兴极了，他马上就要得救了。

●●● 他们成功了

时间过得很快，又一个白昼即将过去，斯蒂夫、罗伊和卡尔没能在计划的时间内返回。比尔极其担心三人的安危，他再次拨通了公园警卫的电话："嘿，我是比尔。"

"他们傍晚就应该回来了。"警卫安慰道，他知道比尔担心斯蒂夫他们的安全，"过了傍晚，我们就派出搜寻队。"

"我想一起去。"比尔还是不放心。

"我早上7点在这儿。"警卫答应了比尔的要求，他能理解这种心情。

而此时，冰川上的罗伊和卡尔距离

成功可谓
是仅有一步
之遥。只是由
于太冷，他们必
须要克服身体上的障
碍。罗伊的腿开始抽筋了。

"罗伊，快，坚持一下，
他就要上来了！"卡尔在一旁鼓
励道。

"伙计们，快帮帮我，帮帮我！"斯蒂夫喊道。
他已经出了最窄的地方，剩下的一段需要完全靠
罗伊和卡尔的力量。

罗伊和卡尔听到他的话后咬紧牙关，准备一
鼓作气。

"往上拉！对，好，我快出来了……伙计们！
继续拉！用力！……好的，好的，好的！"斯蒂
夫的声音越来越近，终于，罗伊和卡尔看到他出
现在冰窟窿的洞口。

"好了，好了，抓住我！"他们一起跑过去，
用力地将斯蒂夫从里面拉了出来。

他们成功了！

●●● 一对好搭档

由于太累，将斯蒂夫从冰窟窿里面拉出来后，
三人就纷纷跌坐在了冰面上。斯蒂夫发现他们还
在攥着绳子不放。"可以放开绳子了。"他说道。

"不……不行。"罗伊气喘吁吁地回答。

"已经没事了。"斯蒂夫有点纳闷。

"不是，手冻在上面了。"罗伊无奈地说。

斯蒂夫拉过罗伊的手，发现他的手已经肿得通红，和绳子紧紧地冻在一起，必须马上处理一下。

"我已经走不动了。"罗伊告诉他，"现在不能走了，天色越来越晚，天黑前我们是赶不回去了。"

"我们不能按登记时间回去了。"卡尔叹道。他们只能等天亮再动身返回。

第二天天刚亮了一些，三人就开始互相搀扶着，慢慢往回走。不久之后，他们遇到了迎面赶来救援的比尔等人。

"嘿！是去滑雪吗？"斯蒂夫打趣着问他们。

"我以为你们失踪了呢！"比尔见到三人出现在自己眼前，有些不敢相信，他感到既高兴又激动。

"噢，看到你我真高兴。"斯蒂夫笑着回答他。

"出什么事了？"

"在冰窟窿里出了点事。"

"有人受伤吗？"

"小伙子们都冻伤了。"斯蒂夫回头看向后面的卡尔和罗伊。

"我们需要找人看一下手。"卡尔告诉比尔。

比尔不理解他们怎么会弄成这样。"是为了救我。回头再说吧，他们是一对好搭档，别提过去那些斗嘴的事了。"斯蒂夫高声地说道。

"卡尔，你不想拍一张救援队的照片吗？"罗伊朝卡尔喊道。

"手都成这样了！"卡尔朝他耸耸肩，一副很遗憾的样子。

大家看到他们这副表情，都开心地笑了起来。所有人都相信，他们确实是一对好搭档。

小记者哈米尔采访实录

事情虽然过去一段时间了，但罗伊和卡尔这对好搭档对那晚的经历依然记忆犹新。我们来到了加拿大阿尔伯达省，听罗伊和卡尔讲一讲那晚的感受吧。

哈米尔：你们当时有没有想过，自己可能也回不来了？

卡尔：当时，我真是吓坏了，满脑子想的都是怎么把斯蒂夫救出来，其他的根本没时间多想。

哈米尔：当时的温度你们知道吗？

卡尔：大概有零下 15 度吧。当时我们是在野外，那天晚上风很大，天上还下着雪，那儿又是冰川，所以当时就显得更冷了。

罗伊：斯蒂夫在冰窟窿里反倒挺悠闲，虽然上不来，下不去，但毕竟不用被风吹着。

哈米尔：发现他掉下去的时候，你们心里是怎么想的？

罗伊：当时我还以为他这下肯定完了。你知道，他身上没系绳子，我们不知道冰窟窿到底有多深，也不知道能不能把他救出来。

哈米尔：我听说你的照相技术不错，这一路上拍照了吗？

卡尔：我一拍照，他就烦。

罗伊：我这里还有一张照片呢，是斯蒂夫拍的，还放大了，底下写着"谢谢把我拉上来"，算是一件礼物。

急救常识之"两轮车事故"

1. 自行车和摩托车事故与汽车事故有所不同，急救方法也不同。若伤势很严重，一定不要移动受伤者，即使是在拥挤的道路或交通高峰期也必须如此。首先要做的事是：保护事故现场。

2. 救助者只能非常小心地移动受伤者。如有可能，不要移动他们。但无论如何，都必须检查受伤者的呼吸和脉搏。同时，大量的流血必须被止住。即使能够感觉到受伤者的脉搏，他的生命仍旧很危险。

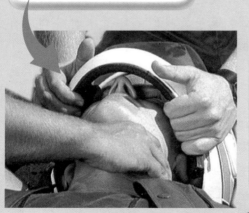

3. 脱下他的头盔。必须格外小心，因为他或许已经发生了骨折。最好有两个人，一人双手托住伤者头部和头盔；另一人解开带子，伸展头部，抓住下巴，把头托稳。注意不要在脖子上用力。

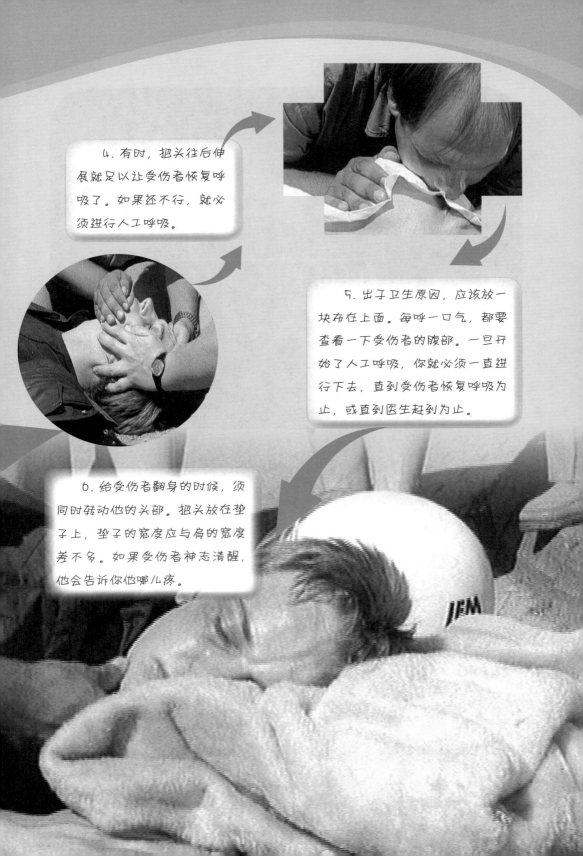

4. 有时，把头往后伸展就足以让受伤者恢复呼吸了。如果还不行，就必须进行人工呼吸。

5. 出于卫生原因，应该放一块布在上面。每呼一口气，都要查看一下受伤者的腹部。一旦开始了人工呼吸，你就必须一直进行下去，直到受伤者恢复呼吸为止，或直到医生赶到为止。

6. 给受伤者翻身的时候，须同时转动他的头部。把头放在垫子上，垫子的宽度应与肩的宽度差不多。如果受伤者神志清醒，他会告诉你他哪儿疼。

千钧一发

嗨，大家好，我是小记者哈米尔。默塞德是美国加利福尼亚北部一个宁静祥和的城市，16岁的男孩乔和他的父母生活在这里。他从小就喜欢听警察和罪犯的故事，梦想长大后当一名治安官，而一次紧张、及时的救人经历让他更加坚定了自己的想法。那一天，就在飞驰的火车呼啸而来之际，他成功地救下了两个在铁路上玩耍的孩子。

●●● 乔，专心一点儿

美国加利福尼亚北部的城市默塞德，由于邻近铁路，所以在这附近生活的人们一方面要忍受轰鸣的火车声响，另一方面，还有可能要面对一些危险情况的发生。即便如此，由于房价便宜，仍然有很多人选择来到这里居住。

乔和父母在 8 年前搬到了这里。

对于这个梦想长大后当一名治安官的 16 岁少年来说，这是个很好的机会。由于特殊的环境，所以这里需要一些既有专业知识而又具备爱心、非凡胆识的人，以便在突发情况来临时及时施以援救。来到这里不久后，乔就积极地加入了童子探险队。

这天，在救援知识课上，大家都安静地坐在自己的位置上，按照老师的指导有步骤地做实验，唯独乔心不在焉地用锤子敲着桌子，发出刺耳的"叮叮当当"的声音，他太急于实践。这吵闹的声音让大家很不舒服，平时一直对他不太友好的达比站起来生气地指责他。

"哦，你在干什么？"达比恼怒地说道。

"好了，行了，达比，够了。"另一个坐在乔对面的同学罗伯特总是帮助乔，这次也不例外。

"乔，请专心一点儿，好吗？"老师也对乔说道。

"我知道了。"乔答应大家会保持安静。

"你这个笨蛋！"达比仍然不依不饶。

"嗨，闭嘴，达比。"罗伯特呵斥道。

二人因为意见不统一，吵了起来。

"好了，你们俩都住嘴。"最后老师发话了，命令大家保持安静。然后，课堂恢复了秩序，老师继续给大家讲课。

●●● 回答得很好

"作为童子探险队的成员，你们要和执法部门密切合作，要在交通管制和保证安全的情况下，晚上和副治安官一起巡逻。稍等一下，我们首先到外面去，复习一个很基本，也很重要的工作步骤。穿好衣服，出发。"过了一会儿，老师发出要带大家出外学习的命令。

不一会儿工夫，大家就穿好衣服，排成整齐的一队，有秩序地走出教室，来到操场上进行实践。

"作为一名童子探险队成员，最重要的是什么？"老师问大家。

他指定乔来回答这个问题。

"帮助别人。"乔大声而坚定地答道。

"说得没错，乔。"老师表扬了乔，然后继续说道，"在巡逻的时候，你们必须牢记这一点。大家都想每天晚上能够平安回家，这很正常。不过交通管制很重要，一点儿都不能掉以轻心，一个小小的失误都可能会引起致命的后果。我过去碰到过这种事

◀▶ 乔很喜欢回答老师的提问

情，所以我很清楚。现在，假设某地段停了辆有问题的车，后面是一辆巡逻车，我们为什么要把巡逻车停在这辆问题车的后面呢？”

老师刚提出问题，乔就将自己的手高高举起，他太喜欢这种户外的实习课了。老师让他回答。

“巡逻车要比问题车停得偏左一点，这样前灯就能照到他们的后视镜和侧视镜，分散他们的注意力。”乔打着手势很有条理地回答老师的问题。

“很好，非常好。”老师赞赏地说道。在如何施以援救这一方面，乔已懂得很多。由于喜欢，所以他经常会看一些相关的知识。

●●● 乔的世界

没事的时候，乔喜欢将随身听的声音开到最大，然后坐在家外面的道路旁边，不断环视周围的状况，以确定当有危险的事情发生时，他可以第一个冲过去施以援助。

这天，他又像往常一样，穿戴好，然后告诉妈妈他要到外面待一会儿。

▲乔有他自己的内心世界

"小心点儿，火车就要开过来了。"妈妈叮嘱他。

"我知道了。"他应道。

乔一个人来到外面，坐在邻近火车道的护栏上。此时，火车已经呼啸着驶来。乔侧身望去，有两个孩子正在铁轨上玩耍，他们玩儿的兴致正高，根本就没有注意到危险正在靠近。他们的妈妈在一旁着急地喊叫着他们的名字。

"罗比，詹妮，你们在哪儿？快点儿回来，那儿危险。罗比，詹妮，快进来，外面有火车，危险，听见了吗？"

乔感到有些紧张，他在想要不要跑过去。

还好，孩子们听到妈妈的呼唤，及时地回到了她的身边。没有危险，一切安然无恙。乔松了一口气。

就这样，又一个平静美好的日子过去了，新的一天来临。然而，这一天，乔却过得不怎么愉快。

为什么呢？

●●● **自 卑**

乔的妈妈总认为运动是一件危险的事情，因此她禁止乔参加任何剧烈运动。所以在运动方面，乔一直都不擅长，每逢体育课，便备受排斥。

此刻，在这节体育课上，男孩们分成两组，最后只剩下他和米切尔还没有分到组。米切尔和乔一样，有些发胖而显得笨重，不太受大家欢迎。

不过，米切尔似乎比乔还好点。

"我真不想这样对你，但是……哦，米切尔，过来。"达比简单思考后，对乔耸耸肩，最后选择了米切尔做他们的队员。乔感到很尴尬。

"好的，乔，你和史密斯一组。"教练安慰他道。

"来，乔，我们要打倒他们。好的，快点儿。"史密斯也安慰他。

类似这样的事情经常发生，所以乔已习以为常，并且多数时候他都是一个人独来独往，总是感到寂寞、孤独，总是难以参与到大伙儿中间。

对此，达比经常嘲笑他为大木瓜、大胖墩。

"这大胖墩根本不会打球！"达比嘲讽地说道。每逢此时，乔就会感到无限羞愧和自卑。他只能一个人默默地看着远处男孩们的激战，艳羡不已。

"你也想玩吗？"留着长头发的女孩珍妮问道。乔在暗地里很喜欢珍妮，然而他知道珍妮喜欢的是像达比那样擅长运动、比较活泼开朗的男孩。

达比也经常会在他的面前炫耀这一点，这更加刺激乔那颗敏感的心。

此时此刻，珍妮对乔说话的语气和看着乔的眼神中充满了许多嘲讽和不屑，这令乔大为不快，他心里难过极了。回到家中，他强烈地和妈妈要求打橄榄球。

"橄榄球？乔，你是说橄榄球？"妈妈吃惊地问道。她坚决不同意。

"为什么不行？"

"亲爱的，听我说。你只有一个肾，乔，一个。如果被打到的话，你就完了。"妈妈总是以这样的理由拒绝他。乔感到非常无奈，但又没有办法改变。

"到底该怎么办呢，乔？"他经常这样问自己，"到底怎样才能让大家看得起我，到底怎样才能让自己觉得很有用呢？"

乔该怎么办？

●●● 撞　车

妈妈仍然不让他打球，一想到这些问题，乔就感到很憋闷。他要到外面透透气。天气很好，空气也不错。他听到"丁零零"的一阵响声，这是火车即将驶过来的信号。

他已经忘记了刚才心中的不快。火车呼啸声由远及近，越来越大。

然而情况却远远不像他所想的那么好。此时，邻近铁轨的公路上，有两辆汽车一前一后朝这边驶来。第一辆车上开车的是一个中年男人，副驾驶的位置上坐着的像是他的儿子，后排还坐着一个老人，看起来身体很虚弱的样子。他们丝毫没有预料到即将发生的危险，正高兴地边开车边聊天。后面紧跟的是一辆小货车。

"哇，天气真不错，是吧？"开车的父亲说道。

"嗯，很好。"儿子回答。

"快到了，过了这段铁路就到了。"

"火车来了。"儿子听见了火车的鸣笛，急忙喊道。父亲随之踩了刹车。然而，后面的那辆车却似乎刹车不够及时，撞到了前面父子的这辆车上。前一辆车一下子被撞到了铁轨正中间。更糟糕的是，车好像不能发动了。

"发动不了了，快离开这儿。"父亲喊道。

"快点儿，爸爸！"儿子打开车门跑下车。

然而后排的车门却被铁轨卡住了，怎么也打不开。

"门打不开！"父亲喊道，他和儿子用力地拉着车门。后面车上也下来人，赶紧过来帮忙，试图从车窗里将老人拉出来。

▼ 眼看火车就要撞上了，乔冲了过去把他们强行拉开

可是这个老人由于呼吸困难，已经晕倒在了里面。并且由于汽车受到巨大的撞击，车身已经变了形，老人的身体被卡在了里面。

这一切乔都看在了眼里，在这千钧一发的时刻，容不得多想，他只有一个念头：飞速地跑过去帮忙。

可是时间来不及了，火车眼看就要开过来了。

来不及了，一切都来不及了。

乔和其他人努力了半天，车门还是没有一点松动。无奈之下，他们不得不放弃了救助，跑到了远处。就在乔跑开后不到两秒钟，他就听到一声巨大的轰响，火车根本就来不及刹车，呼啸着开了过去。那辆卡在铁轨上的汽车，连同车里昏迷的老人，都被撞出去好远。

在场所有人的心都是一惊，知道事情变得糟糕了。

▲ 乔眼看着火车撞了过来

●●● 自 责

乔的妈妈从屋子里听到外面吵闹的声音，走出来察看情况，看到刚发生的一幕后，急忙打电话报警。10分钟后，救护车就赶到现场。乔看着医护人员抬着担架，车里的老人躺在上面，他们从他身边走过。

晚上，他让爸爸打电话到医院，询问白天那位老先生的情况。

"好的，谢谢你打电话过来。"医生表示感谢后，将不好的消息告诉了乔的爸爸。

"他怎么样？他怎么样？"见爸爸放下电话，乔焦急地问。

"他没能挺过去。"爸爸告诉他。

乔感到难过极了，一连几天，他都沉浸在这

种悲哀和自

责中。他第一次看到有人在他面前因为火车而死去，同时更觉得是自己没有做好，没能及时地跑过去救助。

"乔，这是没办法的事。"爸爸安慰他说。

即使如此，他无法感到舒服一些。在学校里，他为此事而更加受到达比等人的嘲笑，他也觉得他们是对的。

"该减肥了，胖子。"达比大声说。

"嗨，滚开，达比。离这儿远点儿，混蛋。"罗伯特帮乔赶走达比，"你没事吧？"

"我没事。"乔讪讪地回答他。

"哦，别理他，他就那样。"

"他说得没错。"乔依然自责，"我应该及时赶到的。"

"别这样，伙计，换了谁都没办法。别担心，来，听我说，他是个混蛋，别搭理他。"罗伯特安慰他说。

然而乔依然高兴不起来。

●●● 以后还有机会

　　达比等人经常以此做文章，更加对乔进行冷嘲热讽。再加上乔内心的自责，他一直沉浸在自己的伤心情绪中不能自拔，觉得非常憋闷。

　　这天晚上，救援课老师将车停在路边，乔阴沉着脸打开车门坐上去。

　　"干吗拉着一张脸？我以为你想出去兜风呢！"等他坐上车后，老师对他说道。

　　"我在想事儿呢。"

　　"听着，别想那件事儿了，你也没有其他办法。"

　　"大家都这么说，但我要是及时赶到的话可能就不会有事了。"乔坚持那件事情与自己没来得及赶上去有很大关系。

　　"乔，还记得你是怎么评价这份工作的吗？你会竭尽全力去帮助别人。以后还有机会，你还有很多机会去帮助别人，你会做到的。"老

▶ 老师开导乔

师看着乔的眼睛，用一种坚定的语气安慰、鼓励他。

这句话让乔觉得茅塞顿开。"是啊，以后的路还很长，还有很多机会用自己的力量去帮助别人，到时候，我一定会做得更好的，再也不会让此类事情重演。"他想。

乔突然觉得有了力气，心情舒畅了很多。

只是，以后真的还会有机会吗？

那个时候，乔根本没有想到，仅隔短短几周，他就将再次遇上类似事故。并且，在接下来的事故里，他表现出来的惊人勇气和胆识折服了大家，他自己也感悟颇多、收获颇多。

那么，到底是什么事情呢？

●●● 火车开过来了

那天晚上，老师的话给了乔很大安慰。从那天起，他又开始振作起来，每天积极地上课，然后更加认真地学习有关救援的相关知识。

几周后的一天早上，他简单吃了几口早餐便要出去。像往常一样，他要出去巡逻，保证大家的安全。

"怎么就吃这么点儿？"妈妈关心地问。

"哦，我饱了。"

"你都没怎么吃。"

"你没事吧？"一边吃早餐一边看报纸的爸爸也关心道。

"放心，我没事。"

"那就好。"

他穿好衣服，戴上自己喜欢的那顶帽子，走

到外面。巡视一圈后，乔坐在他经常坐的地方，拿出随身听，将声音开到最大，享受这个宁静而美好的秋日早晨。一切都安静极了。

"丁零零——"

这一连串的声响打破了乔享受的时光，这声音对他来说再熟悉不过了，它标志着火车即将开过来。不久之后，火车便轰隆隆地由远及近地开过来。

乔下意识地再次朝铁轨那边望去。这一望，他的心一下子提到了嗓子眼。

远处，就在铁轨上，又是隔壁那两个叫做罗比和詹妮的小孩儿在玩耍，他们只顾着玩手里的皮球，可对即将开过来的火车，却丝毫没有要躲开的意思。

他们有危险！

乔噌地从位子上站起来，对着孩子大声喊道：

"当心！火车来了！"

"嗨！"

可两个孩子依旧浑然不觉。火车的声音太大，湮没了一切，他们根本不可能听到乔的喊声，依旧在那里高兴地玩着。

怎么办？火车已经开过来了。

●●● 冲 刺

　　火车上，列车员也看到了前面铁轨上的两个小孩，他急忙按响喇叭，可孩子们依然停在那里。怎么办？火车由于巨大的惯性是根本不可能在这么短的距离内停住的。正当他不知所措的时候，突然看到不知道从什么地方跑来了一个大男孩，飞奔着冲向铁轨上的孩子。

　　毋庸置疑，那个大男孩就是乔。

　　乔让罗比和詹妮快点离开，可是孩子们依然不动。

　　"嗨！嗨！火车来了！"他边跑边喊。火车声太大，孩子们根本听不到他的叫喊。

　　眼看火车就要撞到他们了，怎么办？

▲ 乔在千钧一发的时刻抱起了两个孩子
▼ 他们都安全了

　　就在那一瞬间，乔突然觉得一切的思绪都已经不起作用，再也来不及多想了，他下意识地扔掉随身听，然后以自己能达到的最大速度箭一般地飞冲过去。

　　与此同时，火车列车员也急忙尽量减缓速度。火车与铁轨发出一阵刺耳的摩擦声。他只能做这么多了，剩下的就要看那个大男孩的了。

　　乔就像一只离弦的箭一样向两个孩子飞奔过去，然后迅速地抱起他们，跑过铁轨。由于速度太快，刚过了铁轨，乔抱着两个孩子仰面跌在了地上。

火车"嘶嘶"地呼叫着，驶了过去。

列车员从列车室看到跌倒的乔和那两个孩子，十分担心，急忙打电话呼救："快派急救员过来，我们可能撞人了！"

然而乔和孩子们安然无恙，没有丝毫损伤。

"你们怎么样？"他看着两个孩子，他们吓坏了。不过乔大概检查了一下，这才松了一口气："很好，你们没事。"

孩子的妈妈听到火车呼啸声急忙从屋子里跑出来，她还不知道刚刚发生了什么，只看到两个孩子在铁轨一侧，便紧张地大喊："怎么了？罗比，詹妮！"

"他们站在铁路上。"乔告诉她。

"他们在铁路上干吗？"孩子的妈妈觉得不可思议。

"我到的还算及时。"乔腼腆地一笑。

"哦，天哪，谢谢！谢谢！来，我们到里面去。"由于后怕、高兴，孩子的妈妈都不知道该怎么感谢这个大男孩了。

●●● 陌生男人

乔似乎还无法相信，就在刚刚，自己救下了两个孩子——两条生命。由于事情发生得太突然，紧张、刺激、兴奋、激动等种种感觉掺杂在一起，让他感觉有些不真实。

不过，回到家中，他什么也没说，只是若无其事地回到自己房里。

"嗨，亲爱的……出什么事了？"

爸爸和妈妈在客厅看电视，看到乔苍白的脸孔，担心地问道。

乔没有回答，只是默默地回到自己房里，关上门，然后躺在床上。他需要平静一下，整理好自己的心绪。

"乔？"爸爸敲着他的房门，"门口有人找你。"爸爸告诉他。

"谁找我？"乔有些纳闷。

"我不认识。"

乔和爸爸一起出来，看到一位陌生的中年男人站在门口。

"你是……你住在这条街上吗？在铁路旁边？"

"是的。"男人回答道，"是你救了我孩子的命。你是我们的恩人，我都不知该怎么报答你……谢谢你！"

此时，乔才知道他是那两个小孩的父亲。

"我只是碰巧在场。"乔谦逊地回答。现在他已经平静下来，觉得只是做了自己该做的事情而已。

"谢谢，谢谢，

谢谢，谢谢……"孩子的父亲不停地说。

乔的爸爸和妈妈站在一旁看着这一幕，欣慰地笑了，他们为自己的儿子感到自豪。

●●● 好样的，乔

第二天，乔上学迟到了。他担心又是像往常那样，老师会批评他，同学们会嘲笑他。他战战兢兢地推开教室的门，然后对大家致歉：

"对不起，我迟到了。"

老师和同学们看到突然进来的乔，全部将目光迎向他，看着他。他不好意思地垂下了头。

▲ 达比也站起来为他鼓掌
▼ 乔成了大家心中的英雄

"好样的，乔！"几秒钟后，老师高声说道。

然后教室里爆发出一阵热烈的掌声。

大家已知道了乔勇敢救人的英雄事迹，纷纷像老师那样对乔称赞道："好样的，乔！"

就连平日里总是看不起乔的达比，此时也站起来对他鼓掌表示称赞。

乔终于成功了！他用自己的双手挽救了别人的生命！他在实现梦想的途中终于跨出了漂亮的一步，并成为大家心中的小英雄。

小记者哈米尔采访实录

那次特殊的经历让乔永生难忘。3年后，他已经长成了一个帅气的小伙子。那次救人事件给他的生活带来了什么样的影响？我们一起来采访一下这个救人的英雄……

哈米尔：说说那天的情况吧。

乔：我当时正在听随身听，突然听到火车的汽笛声，一抬头，发现有两个孩子正在铁路上玩。我只想着去救他们，于是就过去了。

哈米尔：在此之前，这里还发生过其他事故，是吗？

乔：没错，那次是车里有个上了年纪的人，我们想把他从车里拉出来，但是没有成功，他的腿被卡住了。

哈米尔：我想，你肯定没想到几周以后又会碰到类似的情况！

乔：没有，我确实没有想到。

哈米尔：当时，你觉得来得及在火车过来之前躲开吗？

乔：我也不知道，我当时只想着要救他们。我把随身听一扔，感觉浑身的血液在沸腾，我一直跑，然后抓起那对兄妹跳到了铁路外面，接着火车就从我身后过去了。

哈米尔：火车经过的时候你有什么感觉？

乔：我想如果再晚几秒钟的话，我可能就没命了。当时心跳得很厉害，有点儿喘不上气。

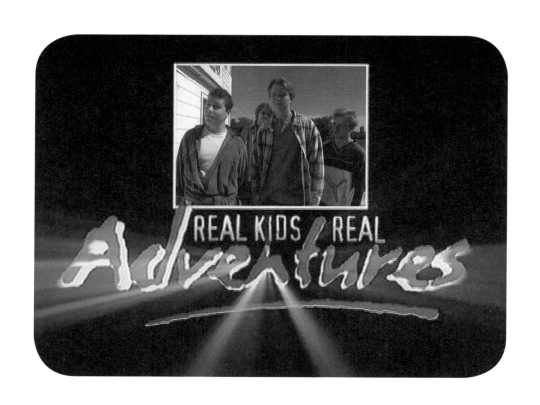

REAL KIDS / REAL Adventures

峡谷救生

嗨，大家好，我是小记者哈米尔。在邻居们眼里，理查德、布伦南、亚当和比恩是 4 个不务正业的毛头小子，整天无所事事。不过，对于邻居们的看法，4 个小伙子根本不当回事儿，因为他们有自己的乐趣，那就是经常跑到家附近的峡谷深处玩"抓坏蛋"的游戏。他们从没有想过有朝一日会成为邻居们心目中的英雄，但事实就是如此……

●●● 比恩，闭嘴

在树木丛生的峡谷深处，理查德、布伦南、亚当和比恩——这4个不被邻居们喜欢的毛头小子，正在进行着一场紧张的"抓坏蛋"游戏。按照惯例，依然是亚当和比恩一组，扮演坏蛋，另一组的理查德和布伦南是警察。

比恩是个永远不会安静下来的人，他经常随身携带一本自认为很有意思的笑话书。给别人讲笑话是他最大的乐趣，虽然在别人看来这一点都不好笑。现在，他和亚当正隐藏在灌木丛中，躲避"警察"的追捕，可即使这样，他也无法保持安静。

"亚当，听这个笑话。"他捅了捅身边正紧张地左右观望的亚当。对他的举动，亚当很不耐烦，压低声音狠狠地说道："你可真烦！"

但比恩并不拿亚当的话当回事儿，手拿着笑话书，强忍着笑，继续说下去："听我念……听着啊！普里斯特·乔治对罗宾逊·乔治说，我认识了一个漂亮姑娘，我该怎么办？是不是该约她出来？……"看亚当没有任何反应，比恩又捅了捅他，"听着！听着！"他往亚当跟前又凑了凑，

◀ 比恩喋喋不休地讲着笑话
▶ 理查德和布伦南已经发现了目标

"是不是该约她出来？我应该跟她说，亲爱的……比吉……呃……我想……我想约你……"还没读完，他自己先哈哈大笑起来。

亚当实在忍无可忍了，厉声说道："你闭嘴行不行，都是老一套，一点都不好笑……你再这样我们会暴露目标的。"

"那你再听这个，这个挺逗的，真的。"比恩并没有理会，想再给亚当读一个新的笑话。亚当赶紧捂住他的嘴，比恩挣扎着不让。在空间狭窄的灌木丛中，即使再轻微的动作也会弄出很大的动静。他们还不知道，远处的"警察"早已发现了他们的行踪。

●●● 咱们对这儿太熟了

理查德和布伦南对亚当和比恩的行动了如指掌，他们很快便发现了"坏蛋"们的藏身地点。此刻，他们在远处悄悄商量对策，打算找准时机，

▼ 游戏马上分出胜负

一举擒住比恩和亚当。

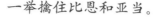

"我抓亚当，你抓比恩。"布伦南对理查德轻声说道。理查德笑笑表示同意。然后两人默契地分头行动，从两侧慢慢接近比恩和亚当藏身的灌木丛。趁亚当和比恩不备，他们突然跳上来，分别向各自的目标扑上去。

"接招吧，比恩！""你完蛋了，亚当！"比恩光顾着讲笑话，一点防备都没有，一下子就被捉了个正着。而亚当则在布伦南扑上来前，及时地跑开了。但是没跑几步，亚当却在前面小溪里绊了一跤，膝盖重重地磕在了鹅卵石上。

其他三个同伴看到后赶紧跑过来拉起他。"亚当，没事吧？"布伦南关心地问道。

"怎么没事，疼死了。"亚当揉着自己的膝盖，带着些怒气回答。看着他的样子，同伴们"咯咯"地笑了起来。布伦南和理查德击掌相庆，"赢了！又赢了你们一次……你们俩，请我们喝汽水。"布伦南说。

"请就请，还怕我们赖账啊。"比恩有点不服气的样子。

"我觉得'抓坏蛋'没意思。"亚当抱怨道。

"那是因为你们从来没赢过。"布伦南嘲讽他。

"不，是因为咱们对这儿太熟了，都没地方可躲了。"比恩试图辩解。然而布伦南和理查德却是一副自信满怀的样子，说："不要找借口，比恩，下次看我们的。"

愿赌服输，比恩和亚当虽然口头上不服气，但也没有办法。4个好朋友结束了紧张刺激的游戏，离开峡谷，前往附近的商店。峡谷对他们来说确实太熟悉了，然而对于其他孩子来说，这可是个危险的地方。

●●● 女孩不能去

事实上，布伦南他们经常来玩的这个峡谷地形很复杂，不熟悉的人很容易迷路。所以大人们总是禁止小孩来这里玩。有的孩子忍不住好奇之心，也只是偶尔偷偷地来看看，但并不敢往里走太深。

不过，也有孩子例外。除了布伦南这4个家伙外，同样住在附近的小男孩帕特里克也曾偷偷地进来过，并且在里面找到了一座神奇的"城堡"。回家后，他把自己的惊人发现悄悄地告诉了哥哥克里斯。这引起了克里斯的极大兴趣，他要求帕特里克一定要带他再去一次。

"不行，那个地方我不会告诉别人。"帕特里克不愿意。

"你告诉我吧！"克里斯求他。

"不行！"帕特里克依然不同意。

"那我就去告诉爸爸，说你偷偷去峡谷玩。"见帕特里克死活不答应，克里斯使出了杀手铜。这招果然奏效，帕特里克可不愿这件事让爸爸知道，那样自己的麻烦就大了。他只好答应了。然而正当两人就要出发的时候，不料却被妹妹希瑟看见了。

希瑟穿着一件小游泳衣，头上戴着一顶漂亮的玩具王冠，正坐在客厅的地板上看电视。"你们去哪儿？"看到两个哥哥鬼鬼祟祟地往外走，她立马问道。克里斯只好把关于"城堡"的事告诉了妹妹。听到有"城堡"，希瑟高兴极了，宣布自己也要参加。

▲ 克里斯以哥哥的身份对帕特里克下达了命令

▼ 希瑟得意地吐了吐舌头

"不行，你太小了，女孩不能去峡谷！"帕特里克拒绝带她。但希瑟坚持要去，眼看就要哭了出来。

"好了，我是老大，我说让她去。"克里斯以哥哥的身份对帕特里克施命令。这让希瑟很兴奋，冲着帕特里克又做鬼脸又吐舌头。

帕特里克也没有办法，只好警告她说："我们要走很远的路，你可不许抱怨。"希瑟使劲地点头答应，连电视都顾不上关，拿了件 T 恤就和哥哥们一起出发了。

●●● 可能迷路了

帕特里克带着哥哥和妹妹在峡谷中穿行，参天的大树神秘而幽静。"你告诉妈妈了吗？"希瑟问哥哥克里斯。

"没有，我们马上就回来。"克里斯答道。然而走了好长一段路程，三人仍然没有见到帕特里克说的那个"城堡"。希瑟有点着急，于是问帕特里克："你的'城堡'到底在哪儿呀？"

帕特里克依旧保持着神秘，说："你得保证不告诉妈妈和爸爸这个秘密。""她不会的。"克里斯替希瑟回答。

帕特里克不相信，他可知道这个爱哭鼻子的小姑娘是个什么样的人，于是又说："你必须得发誓，你发誓不告诉妈妈，还有爸爸。"

"我发誓。"希瑟很认真地答道，随手把自己头上的玩具王冠丢在了地上，以表示自己的决心。

"好了，她发过誓了，咱们走吧。"克里斯催促道，他可不想在这个鬼地方多待。3个人继续前行，可半个小时过去了，"城堡"还是没有出现。

"已经走了半个小时了，你的城堡在哪儿啊？"希瑟和克里斯一齐问帕特里克。

"马上就到了。"

"你10分钟前就这么说。"克里斯非常不满。

"看见那棵树了吗？"帕特里克指着前面一棵很大的树说道，"过了那棵树就到了。"

然而过了那棵树依然没有，他们只好继续往前走，不知不觉就走到了峡谷的深处。周围的树木越来越密集，四周杂草丛生，并且天逐渐黑了下来，周围不断有各种奇怪的声音传出来，"城堡"还是没有出现。

希瑟有些坚持不住了，"我脚疼。"她在后面嚷道。帕特里克回头看了看她，说："我说过不许抱怨，希瑟。"

"可是我冷，我想回家。"

"她说得对，咱们该回家了。"克里斯也同意希瑟的说法。

"好吧，反正我也饿了。"帕特里克表示同意，他也早走不动了。于是他们开始往回走，可不管怎么走，都找不到来时的路。

"我们可能迷路了。"帕特里克望望四周，对克里斯和希瑟说道。这可不是个好消息，由于害怕，希瑟开始抽噎，哭着说要回家。

"我们正在找回家的路……"克里斯安慰她走然而此时他和帕特里克都没了主意，谁也不知道回家的路到底在哪儿。

●●● 报 警

而此时，比他们3个更着急的是正准备做饭的妈妈。她发现孩子们都不在家里，感觉很奇怪。天马上就

要黑了，他们去哪儿了呢？

"孩子们去哪儿了？电视开着，人都不在。"刚好克里斯的爸爸从外面回来，妈妈急忙问道。

"不知道，怎么了？……可能在外面玩球吧。"爸爸说完，急忙跑到外面去叫他们。

"克里斯——帕特里克——希瑟！"一点回应都没有。

他又喊了几遍，还是没有回应，眼看天就要黑了，说不定他们会出什么事。峡谷，成了他最后的希望。他怀着忐忑不安的心情刚走到峡谷口处，地上有一样东西一下子吸引了他，那是希瑟经常戴的玩具王冠。

他不禁既高兴又担心。看样子，孩子们十有八九进入了峡谷，他赶紧拿着玩具王冠跑回家告诉妻子这个消息。

而家中，妈妈正在给亲戚们逐个打电话，询问克里斯三人的下落。但是，得到的答案都是一样的，毫无作用。丈夫刚一进来，她就注意到了希瑟的玩具王冠。她不敢多想了，越来越害怕3个孩子出事，不禁着急地哭了起来。现在唯一的办法就是报警。

◀ 爸爸捡到了希瑟的玩具王冠
▶ 妈妈担心坏了

●●● 晚上有好戏看了

就在克里斯的爸爸妈妈为孩子们的失踪而去报警的时候，从峡谷里出来的布伦南、理查德、亚当和比恩4个人正高兴得不知所以。

"我想换搭档，理查德。"亚当表示。

"先赢一次再说。"理查德开出条件。

"那可能永远都换不成了。"布伦南看看亚当和比恩，嘲讽地说道。

他们边打边闹来到商店门口，正好琼斯警官也在这里买饮料喝。"你们几个最好别给我惹事儿。"琼斯警官这算是打了声招呼，他喜欢跟这帮小伙子开玩笑。

"怎么会呢！我们只是来喝瓶饮料，和您一样，长官。"小伙子们不屑一顾地回答道，假装严肃地敬了个礼，然后就径直走进了商店。

琼斯警官看着他们进去后，想要再说点什么，然而此时却听到警报声响起，接着便听到广播声传来："接到报警，3名儿童在峡谷失踪，各单位请回答。"琼斯警官的主要工作就是负责这一带的治安，听到有这样的事情他也很担心，急忙开车往峡谷的方向赶去。远处，已经聚集了很多警车随时待命。

这突然发生的一切让布伦南他们感到好奇。

"发生什么事了，警察怎么都

被召集到这儿来了？"

"今天晚上有好戏看了。"

4个人七嘴八舌地开着玩笑，匆匆忙忙结完账，跑过去看看发生了什么事情。

●●● 谁也不许进峡谷

布伦南他们赶到的时候，许多警察、警车、警犬都已经纷纷进入峡谷中。琼斯警官正在安慰孩子的父母。"请相信我们。"他说道。

"我最担心的是希瑟。她只穿了一件游泳衣和一件T恤，天气这么冷……"他们的妈妈几乎都要哭出来了。

▲ 峡谷口聚集了很多警察
▼ 警员上街到处询问

"我们出动了几十名警察、所有的车辆和警犬，不会有事的。"琼斯警官不断安慰着她，突然发现了跑过来的布伦南他们，"你们跑来干吗？"

"我们可以帮你找那些小孩。"理查德回答道。

"我们有足够的警力。"琼斯警官根本没把他们的话当真。

"可是没人比我们更熟悉那个峡谷……我们在那儿玩'抓坏蛋'玩了3年。"布伦南试图说服警官。

"如果放其他人进峡谷，气味一杂，警犬就没用了。"

　　"别 这
么古板，琼斯，我们能帮上忙。"

　　琼斯警官仔细思考之后，做了退步。"听着，我警告你们，离那儿远点儿。你们可以跟其他人一起到附近找找，记着，他们分别叫：克里斯、帕特里克和希瑟，分别是10岁、8岁和6岁。"说完他又拿出了3个孩子的照片，"这是他们的照片，如果你们在附近找到他们就打这个电话……谁也不许进峡谷，明白了吗？"

　　见说服了琼斯，4个人一阵高兴，仔细看过照片后便出发了。他们去的地方，当然是峡谷，琼斯警官的命令，对他们却丝毫不起作用。

　　"咱们会找到他们的。"布伦南很自信地说道，"想想吧，只要咱们找着那些小孩，咱们就是英雄了，受人尊敬的英雄。""可是……如果咱们真帮了倒忙，被警犬闻见怎么办？"亚当有点害怕那些警犬。

对他的担心，理查德感到很不屑："别傻了，那些警犬根本找不着他们。如果不了解地形，峡谷就是个大迷宫。"而比恩这时还没忘记要给大家讲笑话，但被布伦南制止了，"大家要抓紧点，再磨蹭天就黑了。"比恩只好做个怪脸作罢。

●●● 继续往前找

天已经完全黑了，4个人从另外一条小道进入峡谷，边走边大声地喊着克里斯兄妹三人的名字，然而寂静的峡谷里没有任何回应。"咱们要是找着他们的话就赚了，报纸上肯定会登咱们的名字，还有照片。"布伦南边走边说。

亚当看着他那沉醉的表情，笑着说道："就你这张脸还上报纸？"然后便哈哈大笑起来。这下可惹恼了布伦南，"你找茬是吧……"他上前揪住亚当的衣领，准备"开战"。这次比恩没有找机会讲笑话，赶紧劝道："好了好了，别闹了。咱们得赶紧找那几个小孩。"

"是啊。"理查德接着说道，"这鬼天气！如果那女孩只穿了一件游泳衣，会被冻死的。"

"那好吧，咱们赶紧接着找。"布伦南和亚当

◀ 4个人直接进入峡谷
▶ 亚当和布伦南差点打了起来

◀▶ 天色越来越黑，4个人继续向前寻找

只好暂时放下"恩怨"。不远处"轰轰"的摩托车声让他们立刻安静了下来，藏到了灌木丛后。这是警察的巡逻车，看样子他们也是一无所获，决定离开另想办法了。

布伦南他们看着警察纷纷离开，感到很可笑。"那些警察居然原路返回了。"理查德撇了撇嘴说。

"他们弄不好都找不着回去的路。"布伦南也嘲讽起来。

"行了，你们严肃点儿。那几个小孩会走这么远吗？"

理查德看看亚当："警察说他们是下午从西边进的峡谷。如果他们从那儿一直往东走，现在应该会在沼泽的北边。"

"没错，他们在警察来之前已经失踪好几个小时了。"布伦南应声道。

"咱们再往前找找。"理查德决定再往峡谷的深处找找看。天越来越黑，天气越来越冷了。那些孩子到底在哪儿呢？

●●● 送你们回家

此时的克里斯十分后悔，真不该跟帕特里克

出来找什么该死的"城堡"。也不知在峡谷里走了有多远，如今"城堡"没找到，3个人连家都回不去了。黑夜里的峡谷一点都不好玩，他们又冷又害怕。特别是妹妹希瑟，她都要冻坏了。

作为哥哥，此时他能做的只是保护好弟弟和妹妹，等待爸爸妈妈或是警察来找他们。他找了一个避风又平坦的地方坐下来，3个人紧紧依偎在一起。看到希瑟躲在克里斯的怀里瑟瑟发抖，尽管帕特里克自己的脚也快要冻僵了，但他还是脱下了自己的外套给希瑟穿上。

但这似乎无济于事，希瑟还是觉得冷，并且还很害怕。克里斯不停地安慰弟弟妹妹："没事的，爸爸妈妈现在可能正在找咱们呢。"为了驱散恐惧，他带着帕特里克和希瑟开始唱歌，这样可以暂时忘记害怕。

就在他们轻声唱歌的时候，突然隐约听到好像有人在喊自己的名字——

"克里斯……帕特里克……希瑟……"

帕特里克最先听到，突然精神为之一振，说：

"好像有人在叫我的名字？"

"克里斯，好像也有人在叫我的名字！"希瑟也听到了。

"好像是！"克里斯急忙站起来仔细听了听，果然是有人在喊他们的名字。他心里高兴坏了，把手拢到嘴边也开始大喊起来，"喂！喂！我们在这儿……"

喊话的正是布伦南他们4个，他们几乎找遍了峡谷里任何一个可以藏人的地方，不禁也着急起来。他们喊得嗓子都快哑了，然而正在不知所措的时候，亚当突然听到好像有人回应。

"你们听，真的有声音，这肯定不是幻觉！"他高兴地喊道。

"克里斯！"理查德也注意到了，于是提高了嗓门再次喊道。

▼ 他们终于找到了迷路的3个孩子

"喂！我们在这儿……"不远处再次传来这个声音。

"找到他们了！"布伦南激动地叫道。

他们朝着声音的方向跑过去，终于发现已经冻得瑟瑟发抖的3个孩子。希瑟都快要晕倒了。

"他们过来了！快起来，希瑟。"克里斯看到跑过来的布伦南等人，拍拍怀里的希瑟。

"你们没事儿吧？"理查德问道。

"冷……"孩子们异口同声地回答。

"现在没事儿了。"亚当安慰他们，"我们这就送你们回家。"

4人急忙先把自己身上的外套脱下来给3个孩子穿上。理查德想起应该赶忙给琼斯警长打电话，可是他们唯一的一部电话也因为不小心掉进了小溪中弄湿了。

●●● 干得漂亮

这让理查德多少有点失望，他摇摇头无奈地说："看来咱们得自己带他们回家了。"4个人相互笑了笑，布伦南说："至少我们找到了他们。"

当他们背着 3 个孩子向峡谷外走的时候，外面无论是警察还是孩子的父母，都焦急得如热锅上的蚂蚁。琼斯警官正呼叫峡谷里面另一组警察撤回来，然后换一组新的人员进去："你们组先撤回来吧，警犬先不要召回，让它们再仔细点，明白吗？行了，你们去吧。"

3 个孩子的爸爸也执意要一起进去寻找。

"冷静点，先生，请相信我们。"琼斯警官安慰他。

妈妈在一旁不停地哭泣，她也想亲自进峡谷找那 3 个孩子。就在他们和琼斯争执的时候，突然峡口的拐角处出现了 4 个大男孩的身影，他们背上还有 3 个小孩，正是自己的孩子——克里斯、帕特里克和希瑟。

"这些男孩找到他们了！哦！我的孩子……克里斯！"他惊叫起来。

"哦！谢天谢地，你们没事儿……我们都担心死了……"孩子的妈妈喜极而泣。

"不可思议。"琼斯警官看着布伦南他们喃喃地说道。

这对夫妇不知道

141

▲ 琼斯警官对他们表示赞许

该怎么感谢这4个大男孩，只是不停地说着"谢谢"。

"酷毙了！干得漂亮！"4个好朋友看看彼此，击掌表示祝贺自己的成功。

"你们这些浑小子，总有一天会惹麻烦的。"琼斯警官猛然插进来，打断了他们的兴奋，让他们着实紧张了一下，"不过今天晚上，你们是英雄！干得不错！"顿了顿，琼斯警官露出了欣慰的笑容。

"干得漂亮！"他再次对4个小伙子竖起大拇指。4个人终于放心地松了一口气！

"太棒了，我们是英雄！"他们搂在一起，开心地大笑起来。

小记者哈米尔采访实录

多少年过去了，大峡谷依然如初，然而布伦南、理查德、亚当和比恩却跟以前大不一样了，他们长成了真正的大小伙子。下面，我们就来采访一下4个真正的英雄。

哈米尔：当时是什么驱使你们去找那些孩子的呢？

布伦南：就是觉得好玩儿，一商量就去了。

哈米尔：当时有多少人在找他们？

理查德：啊……当时有很多警察在镇上挨家挨户问，见没见过这几个小孩儿。他们还派了不少人到峡谷里……

哈米尔：警方是不是给了你们一些相关的资料？

布伦南：给了一张纸，上面有那几个小孩的名字，他们失踪之前穿的什么衣服……

哈米尔：总共用了多长时间才找到他们？

布伦南：用了3到4个小时。

哈米尔：你们听到了那些孩子的喊声，当时的情况是怎么样的？

理查德：我们突然听到有小孩在喊，然后我们就开始叫他们的名字。

哈米尔：那后来你们把他们送出峡谷，所有人都看见了，都把你们当成英雄，你们有什么感觉？

理查德：喔……很兴奋。他们的父母见到他们特别高兴，很感谢我们。虽然说的话并不多，但感觉很好。

急救常识之 "溺水" ⚡

1. 尽量快，还要尽可能安全。这是急救的第一条基本规则。用船有助于保证安全，若是没有船，看看四周，轮胎、救生带和绳子都可以用来帮忙。

2. 河边用来准备救助的地方必须有安全的落脚点。不能低估了水流，即使是一条小河，它也能在几秒钟内把溺水者冲走。如果水流很危险，就要使用安全绳。木杆有助于探知水的深浅，保证救助者的安全。

3. 若周围没有任何工具，救助者入水的时候，动作要温和。如果救助者体温高而水温低，就有可能损伤心脏。因此要先感觉一下水温，并给身体降温。如果必须进入水中，让脚先入水。

4. 溺水者会拼命抓住他够得着的任何东西。如果你被他用胳膊抱住了，可以使用特殊的水中松脱法。救助者使用肘部迫使溺水者松开胳膊，然后把他的胳膊扭到身后，把他拖上岸。必须确保溺水者的口和鼻都露出水面。

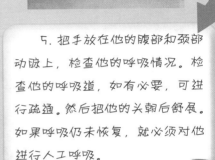

5. 把手放在他的腹部和颈部动脉上，检查他的呼吸情况。检查他的呼吸道，如有必要，可进行疏通。然后把他的头朝后舒展。如果呼吸仍未恢复，就必须对他进行人工呼吸。

6. 将溺水者放置成昏迷位。处理溺水事故时，这是唯一正确的姿势。必须保证呼吸道畅通。处于昏迷位时，头要放低，嘴在最低位置，这样水和唾液就可以自由流出来了。

地铁惊魂 . . . .

　　嗨，大家好，我是小记者哈米尔。地铁是人们出行时非常重要的交通工具，但是经常会有一些事故发生在地铁里面。住在纽约布鲁克林的约翰·比赛罗就曾经在地铁里面碰到了一点麻烦，当他冒着生命危险，把毫不相识的人从地铁车轮底下救出来的时候，一切都变了。就像是他在故事里面所创造的那样，他自己变成了真正的英雄！

●●● 约翰不高兴了

约翰·比赛罗是这样一种类型的少年：话语不多，但思维异常灵活敏捷；想象力丰富，有着一颗非常敏感的心。更加重要的是，他体内好像蕴藏着一股很强大的力量，不知道什么时候会爆发，关键时刻准能派上用场。

此刻，他和伙伴们正在家附近的篮球场上进行着一场激烈的比赛。约翰和队友已经失掉了上一局，所以这一局他们无论如何都必须争取胜利。

"13比14，约翰。"对方球员有点洋洋自得，离这场比赛结束已经没有多长时间了，如果约翰和队友不能进球的话，那么他们又将失败。

约翰并不着急，他对这场比赛成竹在胸，现在要做的就是调整一下战略。

"停一下！"他喊道。

"得了，约翰，你不能叫暂停的。"对方球员抗议道。

"当然能了，这是篮球，篮球是讲战术的，我得和队友讨论一下。怎么了？"约翰的队友安东尼站出来给约翰助威。

他们暂时停下来，商量对策。

◀ 篮球场上的激战
▶ 队友对约翰的暂停颇为不满

"发球就上……我假装往左，其实往右。"约翰对安东尼小声说道。

"这样行吗？"

"行，没问题的，放心吧。你假装投篮，然后传给我，我切到篮下。"约翰很自信地安慰安东尼。

"那好吧！"

"好了，我们继续比赛吧！"两人商量好之后，示意对方可以继续了。

按照计划的那样，由安东尼负责吸引对方的视线，假装投篮，然后突然将球传给"躲"在球篮下面的约翰。约翰敏捷而完美地做了一个上篮的动作，对手球员们只好无奈地看着球直直地进了篮筐。

"进了！"约翰朝安东尼打了一个成功的手势。

"进了，约翰好样的。"安东尼跑过来拍拍约翰的肩膀说道。

对手们要求再打一场，他们不甘心打成平局。"再打一场，三局两胜。"对方一个队员道。

"没问题。"约翰和安东尼非常自信地迎接了挑战。不过他们建议要先休息会儿，趁这间隙，小伙子们聊起了昨天晚上观看的比赛。

"昨晚看尼克斯队的比赛了吗？"约翰问大家。

"看了，特棒。我爸下周带我去现场，我都等不及了。"其中一个小伙伴自豪地说道。

"还有票吗？"约翰也非常渴望能够去现场看比赛。

然而伙伴的回答却令他感到难过。"问你爸要去！"伙伴回答道。这一下子刺中了约翰的伤心之处。"我恐怕没有你这么好命。"他喃喃地说道，打球的兴致也骤然消失，告诉大家他要回家了。"我还要帮妈妈拆行李箱。"谁都听得出来，这只是一个借口而已。

约翰似乎不愿意讨论这个话题，他是怎么了？

●●● 妈妈的新家

"新家怎么样？"安东尼停下手里的球，过来很关心地问道。

"还行，还算能住吧。"约翰随声敷衍道。

"见过你爸了吗？"

"没呢，我得回家了。"约翰故意回避了这个话题，草草地结束了这场比赛。

"那好吧，替我问你妈妈好。"

"好的。"告别安东尼和伙伴们，约翰闷闷不乐地回到了家中。弗兰克叔叔和妈妈正在客厅里面收拾东西。

"弗兰克叔叔。"约翰打了声招呼。

"嗨，约翰，你好吗？快进来。"

约翰走进屋里，看着陌生的新家，胸中觉得

▲ 约翰回到新家，看到妈妈
和弗兰克叔叔在搬家具

闷闷的，然而为了妈妈他还是尽力表现得高兴一点。"妈妈，看上去不错，你们干得真快。"他对妈妈说道。妈妈对他笑了笑。

弗兰克叔叔在一旁招呼约翰去帮他。"能帮我挪沙发吗？你妈不让我一个人挪，怕刮坏地板。"

"好的，我们尽量不把地板弄花。"

"你们俩搬我就不担心了。"妈妈笑着说道。

约翰和弗兰克叔叔一起将沙发摆到妈妈所要求的位置上，沙发落定，也代表着妈妈和他的新家正式落定。约翰有一种惆怅而不知所措的感觉。

他总是想不明白，为什么爸爸和妈妈要分开呢？为什么他不能同时与他们在一起呢？

想到这些，他心里就感觉更加难过，所以他要立刻躲进自己的屋子里。即使电视上有尼克斯队的比赛，他也没有兴致看。

●●● 超级英雄系列故事

约翰喜欢独处，那样他会有一个完全属于自己的世界，他在自己构建的王国里面肆意驰骋。这个王国就是——写作。无论是高兴时还是伤心时，写作都能给他带来极大的乐趣，给他以抚慰。

"……我会抓住你的，塔隆！"约翰一个人在屋子里，不停地在本子上写着。一边写，他还

禁不住说出
声来，好像自己身临故事现场一样。

　　"埃迪被困在了迷宫里，他逃不出去了。他
大声向塔隆求救，塔隆的听力装置察觉到了埃迪
的呼唤，它的头警觉地转了过来。邪恶的泥人看
着巨大的迷宫，他知道塔隆要上钩了……"

　　"咚！咚！"弗兰克叔叔的敲门声打断了他
的思绪。"约翰，我们订了比萨，你想在比萨饼
上放点什么？"

　　"意大利辣香肠、凤尾鱼和菠萝。"

　　"也许我应该单给你订。"弗兰克叔叔调侃道。

　　"那好啊。"约翰调皮地笑笑。他想收起桌子
上自己的创作稿，不料还是被弗兰克叔叔发现了，
不过还好，弗兰克叔叔是支持他的。

　　"你的'超级英雄'系列故事很不错。"弗
兰克叔叔赞叹道，"我过去很喜欢看，现在还在
写吗？"

"是啊。"

"比做作业有意思，对吗？"

"嗯。"

"想做什么就做什么吧。"

"嗯，谢谢你，弗兰克。"约翰很感激地对弗兰克叔叔说道。

●●● 弗兰克叔叔晕倒了

不知不觉，约翰逐渐适应了新家的环境，也适应了没有爸爸的生活。他觉得自己长大了。

"都收拾好了吗，妈妈？"早餐时，他问妈妈。

"嗯，厨房差不多都收拾好了。"

"还剩什么？我来收拾。妈妈，我想帮忙。我知道过去我在家什么都不干，可以后不一样了。"说到这里，约翰有些激动。

"约翰，亲爱的，你不需要改变自己，这些根本就不是你的错。"妈妈怜惜地看着约翰。

▼ 约翰和妈妈在吃早餐

"那你和爸爸干吗要离婚？"约翰也搞不清楚自己怎么会一下子问这么直接的问题。

这个问题让妈妈有些难回答，她试图找一个让约翰比较好接受的理由："你爸爸和我在一起觉得不再幸福了，可这是我和他之间的问题。我们离婚跟你做什么或不做什么完全没关系，明白吗？"

"明白。"约翰点点头。妈妈的回答让他感到舒服了很多，吃完早餐后他兴高采烈地去找弗兰克叔叔，因为他有些疑问想要叔叔解答。

"记得你曾问我是不是还在写。"来到弗兰克家后，他首先开口说道。

"是的，怎么样了？"

"不知道，我不知道好不好。"因为写作可能会影响学习，所以有时候约翰总是怀疑自己那样做是不是对的。

弗兰克叔叔并没有直接回答他，而是问道："你喜欢写作吗？"

"喜欢，我喜欢编故事。"

"如果你喜欢，你就会越写越好的，你要继续努力。"

"我正想向你请教呢，

我该怎么努力呢？"

"努力写。写喜欢的，不停地写，直到满意为止。"

"那怎么靠它赚钱呢？"

"哈，嗯……你……写好了就出版。"这个问题让弗兰克叔叔不禁笑了起来。

"那该怎么做呢？"约翰以前从来没想过这样的问题。

"把你的作品交给出版社。"

"我该给哪个出版社呢？"

"哪个出版社的东西你喜欢，就发给谁。他们应该最有可能对你的东西感兴趣。"弗兰克鼓励他说。

▼ 突如其来的变故让约翰惊慌失措

"有道理。"听了弗兰克叔叔的一席话，约翰感觉信心倍增。

"努力写吧，约翰！"弗兰克叔叔再次鼓励他道。

聊完正事，像往常一样，他与弗兰克叔叔继续玩"刽子手"游戏。"这次要决出世界冠军。"弗兰克叔叔笑着说道。

"行，你来吧。"约翰准备好了大战一场。

然而，正当他们玩得兴致很高的时候，弗兰克叔叔却突然抽搐，从椅子上摔了下来，躺在地上昏了过去。

"弗兰克叔叔，弗兰克叔叔，你……你怎么了？"约翰用力摇着弗兰克的身体，神情焦急。弗兰克这是怎么了？

●●● 弗兰克叔叔的病

见弗兰克叔叔突然晕倒，约翰害怕极了。他急忙跑回新家想找妈妈过来，进门就喊："妈妈，妈妈！"

"约翰，我在这儿。你怎么了，你的鞋呢？"跑得太快，约翰的鞋都丢了。

"……是弗兰克叔叔，你得救他！"约翰上气不接下气地说。

"他怎么了？"妈妈一头雾水。

"我不知道，他突然从椅子上掉下来昏过去了。"

"冷静点，我打电话过去，看他怎么样了。"妈妈一面安慰约翰，一面拨通弗兰克叔叔家的电话。

其实弗兰克叔叔很快就醒了过来，但没有见到约翰，正担心的时候，电话响起。

"谢天谢地！弗兰克，是我，南希，你还好吗？"约翰妈妈关切地问道。

弗兰克叔叔告诉她说自己很好。

"那就好，约翰在

这儿，他很担心你。我们现在就过去看你。"得知弗兰克叔叔没事，约翰彻底松了一口气，不过他觉得自己对不起弗兰克叔叔。

晚上，妈妈终于把弗兰克叔叔的事情告诉了约翰。

"约翰，你还好吗？我想跟你谈谈……我是想跟你说说弗兰克叔叔的事。"妈妈好像是鼓起了很大的勇气来说这句话的。

"他大概生气了，他需要我，我却跑了。"约翰并没有注意到妈妈的神态，还在自责。

"不，宝贝儿，他没生气，他担心吓着你了。"

"我不知道他是怎么回事，所以……所以就慌了神。"约翰想起当时的情形，还觉得一阵冒冷汗。

"你的弗兰克叔叔……他……是个癫痫病患者，今天晚上他是癫痫发作了。"妈妈吞吞吐吐地告诉他。

"你没说他有癫痫病，妈妈！"听到这个消息，约翰觉得大为吃惊，他从来不知道这个消息。"你们为什么不告诉我？"

妈妈也知道有点对不起约翰，只能尽力解释这件事："我和你爸爸不告诉你，是因为不想让你担心这件事情，而且他的病有很长时间没发作了。我以为……我们还以为他再也不会发作了呢。"

"你们还是该告诉我，我本来可以帮他的……

我也很抱歉，我抛下他就跑了。"约翰生气的其实是自己没有及时帮上忙。

●●● 一个坏消息

塞翁失马，焉知非福。弗兰克叔叔突然晕倒的事情虽然让约翰吓了一跳，不过却也给他提供了创作的素材。

他将叔叔当时的情境融进了自己的小说里："弗兰克被困在了房间里，毒气渐渐充满了房间。他喘不过气了……他越来越虚弱，人也站不住了……弗兰克突然被抛入了空中，塔隆救了他。它用钳子抓起了弗兰克，它知道该怎么办。"每次写到关键时刻，他都忍不住一边大声说一边写。

"解毒剂，我得给弗兰克注射解毒剂……回我的地方去……"

就这样，英雄塔隆的故事终于有了结局。第二天一早，他便将文稿寄到一家出版社。邮寄之前，他不忘在里面夹了一封信：

"希望您能喜欢我写的故事，而且能考虑出版……我期待着您的回信。约翰·比赛罗。"约翰很真诚地写道。

◀▶ 约翰准备把稿子寄给出版社

几天后，妈妈喊他，说有邮件，是出版社发来的。这个消息让约翰激动万分。急忙从妈妈手中接过信件，小心翼翼地打开来看，然而却得到了一个坏消息。

"哦，他们不感兴趣。"他很失望地告诉妈妈。

"我很难过，亲爱的。"妈妈安慰他说。

然而约翰却并没有因此而丧失信心，他想起弗兰克叔叔对自己说过的话——不停地写，写到满意为止。对，就应该这样。

"没关系，妈妈。我会继续努力，给他们发更多的故事。"他反过来安慰妈妈不要担心。他决定亲自到城里去一趟，将稿件当面交到其他出版社试试。

"约翰，去吃块比萨吧，我请客。"他在半路遇到好朋友安东尼。

"今天不行。我得去城里送些东西。"

"啊，你想发表作品，对吧？"

"我觉得那是早晚的事。"约翰很坚定地告诉安东尼，这更是他对自己的鞭策。

●●● 铁轨上有个人

"看，铁轨上有个人。"约翰刚进地铁，便听到有人大喊。顺着那人指的方向，他看到地铁铁轨上有个人。那个人似乎有些神志不清，不能支配自己的行动。

"他怎么了？"有人问最早发现情况的那位中年女人。

"我不知道。"她紧张地答道。

"伙计，快离开轨道……起来！快离开轨道。"大家纷纷对着倒在下面的人喊道，可是那个人却好像动弹不得了。他能听到大家的喊声，挣扎着想起来，可是几次挣扎，却失败了。

"地铁马上就来了。"约翰也着急地大喊起来。地铁轰鸣的声音已经传来，大家都紧张地不知所措。

▲ 人们发现了铁轨上的人
▼ 他吃力地伸出自己的手

"快离开轨道。"

"快报警吧。"

"哦，地铁开过来了。"

"快想办法救救他，地铁来了。"

"地铁来了！快起来！"

很快周围就围了很多人，然而无论大家怎么七嘴八舌地喊，下面的人还是无法动弹。

"快，抓住我的手。"约翰蹲下来，向下面的人伸出手。那个人也吃力地抬起了自己的手，可是太远了，够不到。

"哐当！哐当！"震颤声越来越大，地铁就快开过来了！

●●● 约翰跳了下去

一位中年男人跳了下去，他试图拦住驶过来的地铁。

"有人上轨道了。"

"他想让火车停下。"

"可地铁速度太快了。"

人群中有人惊叫起来，不禁为那个男人担心。的确，地铁速度太快了，即使驾驶员发现前面轨道上有人，但想要停止也是来不及的。那位中年男子很快便爬了上来，重新回到站台上。

就在大家不知所措的时候，他们看到一个年轻的小伙子纵身一跃，跳了下去。

那个人，当然就是约翰。他从站台上无论怎么伸手都拉不到那个人的手，情急之下就纵身跳了下去。

"嘿，回来。你疯了吗？"边上的人们很担心地对约翰喊道。然而他已经跳下去了，地铁近在咫尺，所有人都屏住了呼吸。

然而约翰已经来不及多想了，倒在铁轨上的男人块头很大，他必须要使出全身力气，才能将那人扛起。约翰在下面托着

▲ 约翰救起了那个人

他的身体，上面有人很配合地将那人拉了上去。

约翰觉得自己的眼睛快被地铁强烈的光线照晕了，然而他知道自己必须一搏，否则，地铁就要将自己碾成碎末。就在地铁快要撞向自己的那最后一瞬间，约翰迅速地爬了上来，他感觉地铁贴着自己的背后呼啸而过。

许久，他站在站台上，没有力气动弹。然后当他发现自己仍旧活着时，终于长长地喘了一口气，随即听到周围响起一片掌声和赞叹声。

"干得好！小伙子！"

"你救了他的命！"

人们纷纷走过来对他挑起大拇指，不断称赞他。与此同时，早就有人叫来了救护车，急救人员及时赶到，连忙把那个人送往医院治疗。

有那么一瞬间，约翰有些觉得不可思议，事情发生得太快太突然了，他觉得犹如在梦中一般。但看到大家的笑，听到大家的赞叹声，以及下一列地铁驶过来的声音，他知道这一切都是真实发生过的。就在刚才，他用自己的力量挽救了一个人的生命。想到这里，他很自豪地笑了！

●●● 真正的英雄

回来后，约翰将当天的特殊经历再次写进了自己的故事之中。他很快写好并寄给了出版社。

"有你的信，在台子上。"几天后，当他从外面玩耍回来时，妈妈告诉他。

"你在做什么，妈妈？我说了今晚我做饭的。"约翰一边拆信封，一边和妈妈说道。

"对不起，我忘了。球打得怎么样？"

"我和安东尼赢了，7局4胜。"

"你玩得高兴就好。"妈妈高兴地说道。

然而信的内容更让约翰高兴，不过他还是忍住了。他故作神秘地对妈妈说道："妈妈，我得出去一下。"

　　"好 啊，
你要去哪儿？"妈妈不解地问道。

　　"妈妈，好消息，不过我想先告诉弗兰克叔叔，
回来再告诉你。再见！"他要给叔叔和妈妈一个
惊喜。

　　"好，快去快回。"妈妈看了看他，叮嘱道。

　　约翰迅速地跑出了家门，来到弗兰克叔叔家
中。"弗兰克！弗兰克！"还未进门，他便喊道，"弗
兰克叔叔，我有东西给你看。"

　　约翰将信交给弗兰克叔叔。

　　"这是什么？"弗兰克叔叔问道。约翰示意
他自己打开看："打开，看看内容目录，在第三
页上。"

　　弗兰克叔叔按照他的指示打开，不明所以地
看了看，说："是的，不过你得告诉我，我该看
什么？"

"看到你就明白了。"约翰还在卖关子。

　　"啊！我看到了，约翰。'《真正的英雄》，作者约翰·比赛罗。'你的作品发表了！恭喜你！"弗兰克叔叔看完后，兴奋地将约翰抱了起来，"我早就知道你能行的，约翰！"

　　"是啊，所以我只想说，谢谢你相信我，弗兰克！"约翰很感激地对弗兰克叔叔说道。

　　他终于实现了自己的梦想，没有因为当初被拒绝而放弃继续写作，从而真正地踏上了自己的梦想之路！同时他也知道了，什么叫真正的英雄。

▼ 约翰开心地和弗兰克叔叔抱在一起

小记者哈米尔采访实录

几年以后，长大了的约翰一直在一家新闻杂志社上班。让我们一起来采访一下他，请他谈谈当年那次在地铁里勇敢救人的事件。

哈米尔：那天你救人的时候，你是看着他掉下去的吗？

约翰：我在站台上，听到有人喊才看到他已经倒在铁轨上了。他伸出手，向我求救。

哈米尔：你的第一反应是什么？

约翰：我每天都坐地铁，这次向下看，一切都很熟悉，只是有个人倒在铁轨上了。我第一个念头就是要帮他。

哈米尔：对你来说这很自然，对吗？

约翰：我当时一心想着要赶快把他拖上来，不能耽误时间。

哈米尔：有别的人帮你吗？

约翰：当时也有人下到轨道里，想让车停下来。我就用尽全力托起他，要知道那家伙是个大块头。不过人一遇到危险，力气总会大一些的。

哈米尔：你想没想过，写那些故事对你现在会有什么影响呢？

约翰：创造一个自己幻想出来的世界，我一直很想做这种工作，我想我天生就是干这行的。我喜欢写故事，这对我太重要了。我渴望成功。当然了，这有个漫长的过程，不过我已经开始了。

REAL KIDS / REAL Adventures

小心，雪崩..........

嗨，大家好，我是小记者哈米尔。16岁少年凯尔·黑尔是一名出色的滑雪巡逻员。有一次，他和同伴们外出寻找一名在滑雪中失踪的同事，然而却在漆黑的夜晚准备返回时遭遇了雪崩。于是凯尔开始营救他的朋友……

●●● 神秘的红衣少年

　　凯尔今年 16 岁，虽然年纪不大，但已经是一名很出色的滑雪巡逻员了。在这一带，但凡爱好滑雪运动的人，几乎人人都知道凯尔·黑尔这一名字。

　　凯尔是一个坚强、勇敢、喜欢冒险的少年，并且非常勤奋。很长一段时间以来，他几乎都是队里面早上第一个到达山顶开始工作的人。

　　这天早上，他又一如往常到达山顶，然后站在那里向远处望去，欣赏美丽怡人的雪景。"太漂亮了！"凯尔不禁赞叹道。

　　"我喜欢这雪道。"凯尔听到有人在他耳边说话，转过头看见一个与他年龄相仿，戴红帽子，穿红色羽绒服的少年。听到少年说喜欢这雪道，凯尔笑了，因为他自己也喜欢。

　　"是的，它很棒。"凯尔应道。

　　"它是最好的吗？"红衣少年问凯尔。

　　"你不熟悉这里？"

　　"是的。"

◀ 凯尔并不知道这个红衣少年是谁

▶ 凯尔对这条雪道太熟悉了

　　"第一次下去的时候别着急，下面有急转弯和斜坡，你需要先熟悉一下。"凯尔想跟他说一

些注意事项。然而凯尔刚刚说完，少年便踩着滑雪板以飞快的速度冲了下去，只丢给凯尔一句话："你自己小心吧！"

"嗨，你该听我的话。"凯尔拦截不住，少年早已经滑出了很远，他也只好紧随其后往下滑去。凯尔心里纳闷，这个人到底是谁呢？

●●● 实习生卡伊

经常与凯尔搭档的詹妮弗一直在找凯尔。

"早上好，詹妮弗。"同事罗恩过来跟詹妮弗打了声招呼，"你上去了吗？"

"还没有，不过凯尔已经去了。如果你看见他，告诉他我在等他，好吗？"

"没问题。"

正在他们聊天的时候，调度员韦恩告诉詹妮弗，她和凯尔要指导一个新人，一个实习生，名叫卡伊。

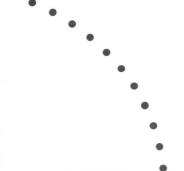

▼罗恩和詹妮弗

"好的，当然可以。他什么情况？"詹妮弗点头答应。

"卡伊 15 岁，他非常喜欢滑雪。"

"听起来很像另一个人。"詹妮弗笑着说道。

韦恩点头表示同意她的说法。"凯尔和卡伊有许多共同点。"他说道。凯尔可是这里的明星人物，能和他相提并论的人一定非常棒。

●●● 我相信自己

卡伊与凯尔一同重新返回到山顶，凯尔很欣赏红衣少年的滑雪技术。

"滑得好，你好像很熟悉这滑道。"他对少年说道。

"这是我第二次来，我昨天来过一回。"

"看来我退步了。"凯尔自嘲道。

"我觉得你们俩可以在这里比一场。"詹妮弗和调度员韦恩适时地从身后出现，打断了他们的谈话。

"我们会的。"凯尔接着詹妮弗的话答道。

"嗨，你什么时候想比赛？"少年也不甘示弱。

"现在怎么样？"凯尔可不想输给他。

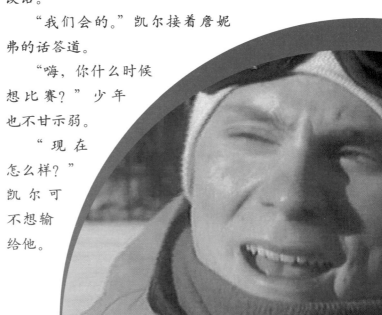

然而调度员韦恩在一旁开始不耐烦起来，吩咐道："小伙子们，你们的比赛还是延期吧。现在，你们两个该去巡逻一座山……"

"我们两个？"凯尔有些不解。到现在，他还不知道身边的这位少年是谁？

"是的，凯尔，他是卡伊，新来的巡逻实习生。"调度员韦恩告诉他。

红衣少年也是到现在才知道，刚刚和他一起滑雪的就是很有名的凯尔。"太好了，原来你就是大名鼎鼎的凯尔，关于你的那些说法是真的吗？"卡伊兴奋地说道。

"字字属实。"凯尔给了他一个干脆利落而相当自信的回答。

"换了我是不会这么自夸的，你应该懂得谦虚。"卡伊听后揶揄道。

"那有什么呢？我相信自己的实力，所以才敢说！"凯尔很坚定地告诉卡伊。詹妮弗和韦恩听着两个孩子有趣的对话，不禁笑了起来。

●●● 怎么判断雪崩

不久，游客们纷纷到来，凯尔他们一天的工作正式开始。很快，按照标准要求，一切该做的都准备完毕。

"你签到了吗？"凯尔问卡伊。

"噢，我忘了。"

"要集中注意力，卡伊。记住程序！"韦恩嘱咐卡伊道。

"要清楚谁在山上、谁不在，这样才能知道谁失踪了。"卡尔又强调了一遍。

"这是你受训的第一天。"詹妮弗紧接着凯尔的话说下去，他们必须要让卡伊尽快多掌握些日常知识。

调度员韦恩提醒大家说，可能不久会有暴风雪，所以要加倍小心。"我可不想有任何人失踪。"他命令大家道。

"我们会确保游客在滑道上。"凯尔答道。他沉稳的性格很让人放心。

大家来到外面不断进行检查和观测。詹妮弗告诉卡伊："寒冷的天气会让血液温度降得很低，但有时你自己并不知道。所以要特别注意体温过低的人。"

"明白，我们需要尽快使他们暖和起来。"卡伊答道。

仔细检查过后，大家各自负责的滑道上都没有情况发生，所以都纷纷返回。但詹妮弗脸上露出了紧张的神色，凯尔很细心地看见了。"怎么了，詹妮弗？"他问。

詹妮弗没有回答凯尔的话，而是转向卡伊，一脸严肃地说："雪下陷了一些，感觉有一层雪塌陷了，这意味着什么？"

"要发生雪崩？"卡伊答对了。

"是的，这种情况下通常会出现雪崩。这种情况一出现，任何骚动都会引发雪崩。"凯尔很细致地告诉卡伊。

"完全正确。"詹妮弗笑了，凯尔成长地很快。

▲ 所有人都回来了，唯独少了罗恩

▼ 凯尔断定罗恩失踪了

●●● 罗恩不见了

快到傍晚，大家差不多结束了一天的工作后，都纷纷回到屋内，除了罗恩。

"有人看到罗恩了吗？"韦恩环视了一圈后问。

"他没在滑道上。"詹妮弗答道。

"他没签走的时间，他是早上七点钟上去的。"凯尔告诉大家。

"韦恩，你试着用对讲机和他联系一下，我们去找他，卡伊。"詹妮弗感觉很不正常，决定马上带着卡伊外出去寻找。凯尔也紧随其后。

大家将该找的地方差不多都搜了一遍，却没能找到罗恩。

"联系不上他，他的对讲机要么坏了，要么关机了。"调度员韦恩告诉大家。

"他也不在餐厅和商店里。"卡伊说道。

"他妻子说他也不在家里。"詹妮弗也说道。

"那就是说，罗恩可能出事了，他的车还在停车场里。"凯尔根据大家发现的情况，已经基本可以确定这个事实了。在这冰冷的雪地里，各种意外都有可能发生，罗恩说不定遇上了大麻烦。

●●● 他在什么位置

詹妮弗当机立断，决定马上带着凯尔和卡伊出去寻找罗恩，事情紧急，刻不容缓。"当心！保持联系。"韦恩叮嘱道，他要留守调度室随时和各方面保持联系。

"罗恩！听到请回答……罗恩！"詹妮弗、凯尔和卡伊3个人在路上呼喊着罗恩，可是天已经黑了，还是没有发现他的影踪。

"哪儿也找不到他。"詹妮弗叹气道。

"白天都找不到，晚上怎么能找到？"卡伊问。

"把灯拿出来。"凯尔说着便从背包里面拿出手电筒，黑茫茫中立刻出现了一束柔和温暖的光芒。然后他们听见直升机在头顶上空呼啸的声音。

"警方的直升机来了。"凯尔心里稍微踏实了一些，他知道肯定是调度员韦恩报警了。

"嗨！你们看到他了吗？"卡伊对着天上的直

升机大声喊道。

凯尔对他的行为感到好笑。"他们不可能回答你，还是让我来呼叫韦恩吧，这样容易些！"他拿出对讲机，开始呼叫韦恩，"韦恩，我是凯尔，你那儿有什么消息吗？"

"听着，凯尔，警方已经发现了罗恩。他好像没事，完毕。"对讲机里韦恩的声音让3个人悬着的心一下子都放下来了。

"真是太好了。"卡伊激动地说。

然而调度员韦恩接着又告诉了他们一件麻烦的事情，飞机没法在罗恩停留的地方着陆，所以得靠大家把他带回来。

"好的，他在什么位置？"凯尔继续问道。

"他所在的坐标是：6——8——3——1——4——2。"

"知道了，6——8——3——1——4——2。"凯尔重复了一遍，詹妮弗已经在他重复的时候将坐标记了下来。然后，按照坐标指示的，他们对照地图上的相应位置，他们判断出罗恩应该在山脊附近。

"在西边。"詹妮弗指着西边方向说。

"韦恩，我们上路了。"凯尔结束了和韦恩的对话，然后大家朝罗恩所在的方向快速滑去。

●●● 找到罗恩

"我们要分散开，要保持警惕。"詹妮弗告诉卡伊。

"学着点，小家伙。"凯尔开玩笑地对卡伊说道。然而，卡伊也用同样的礼遇回敬了凯尔："我跟着你，老家伙。"

有了确切的位置，他们很快便找到了罗恩。

"我在这儿！我在这儿！"听到大家的说话声，罗恩赶紧从自己挖的雪洞里面钻出来，向同伴们挥舞着手臂。

"我们看到你了。"凯尔高兴地喊道，"待在那儿，罗恩。"

"我也看到你们了。"

"我以为我会在这儿过夜呢。"大家终于都聚到一起后，罗恩难掩心中的兴奋。

"不过现在仍有这种可能性。"詹妮弗告诉他们，因为现在他们走得太远，天已经黑了，很难按原路返回。

然而卡伊对詹妮弗的话并不太理解。"怎么回事？"他问道。

◀ 罗恩藏在了自己挖的雪洞中
▶ 三个人终于找到了罗恩

"我滑得太远了，以前我来过这边，但这次路标被雪埋住了。"罗恩告诉他。

"走吧，我知道回去的路。"凯尔自信地说道，他对这个雪场太了解了。

●●● 小心，雪崩

"大家分开一些，这样雪崩不至于一下子把我们全埋住。"詹妮弗是一个经验丰富的老巡逻员了，一边走一边提醒大家。

"嗨，詹妮弗，我感到雪正在下陷。"走了一段后，凯尔喊道。他感觉不太好。

"是的，我也注意到了。"詹妮弗也觉察到了。

"有多严重？"卡伊赶忙问凯尔。

"非常严重，我感到它下陷得越来越厉害了。"顿了顿，凯尔继续说道，"我们应该走另一条路，先上山，然后从东北山峰后面下去。"

然而凯尔刚说完，卡伊就首先表示反对。"那要多走一倍的路程。"他嚷道。

"但那样更安全，这边太危险了。"

"凯尔说得对。罗恩，你在前面。"詹妮弗表示赞同凯尔的建议，她命令大家转身走另一条道路。

"好的。"罗恩也赞同这个方案。

"到山脊后就没事了。"凯尔安慰大家说。可是，就在大家刚刚要转身的时候，凯尔突然看到不远处有一大团雪白如巨峰般的东西正向他们这边袭来。他打了一个冷战，迅速感觉到情况不好，下意识地脱口喊道："噢！不……不，大家小心！雪崩！雪崩！"

所有人都没来得及反应，顷刻间，他的声音便被涌过来的雪覆盖了。随之，一切都陷入死一般的沉寂之中……

●●● 树底下有人

不知道过了多久，凯尔感到自己好像冲破了死亡的禁锢一样。他从雪堆里面探出脑袋，使劲地呼吸着新鲜空气。

"喂！你们都在哪儿？詹妮弗！卡伊！罗恩！"他从雪里面爬出来，见周围除了自己没有一个人，不禁担心起来，大声呼喊自己的同伴，可是没有人回答他。

他赶紧打开对讲机，说道："嗨，调度员！调度员！"

"我是韦恩。"韦恩很快回答。

"我们遇到雪崩了，我在努力脱身，我没听到其他人的声音，请尽快来帮我们。"

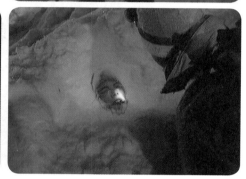

▲ 凯尔发现了罗恩和卡伊

"凯尔，你只有 20 分钟，必须在他们无法呼吸前把他们挖出来。"

"嗨，喂！大家都好吗？"一个声音从远处传来。

凯尔听到有人说话，精神猛地一震，他赶紧向韦恩报告："韦恩，有人说话，别挂断。"然后他向远处喊去："我是凯尔，我没事。卡伊？罗恩？"

"我是罗恩。是的，我也没事。"罗恩一边回答一边向这边走来。

看到罗恩，凯尔感觉好了很多。他赶紧结束同韦恩的对话，因为他要抓紧时间找到其他人。

凯尔放下对讲机，和罗恩一起去寻找卡伊和詹妮弗的下落。

"詹妮弗……卡伊……"

就在凯尔还想喊下去的时候，他发现在远处一棵倒卧的树下面似乎有声音。

"这里有人。"他朝罗恩喊道。

"拜托！你是谁？詹妮弗？卡伊？快，快对我说话。"凯尔慢慢靠近，朝下面喊道。

"卡伊，我是卡伊！"这是卡伊的声音，他被雪压住了，不能动弹。

凯尔找对了发出声音的位置，急忙轻轻地掸去积压在卡伊头上的雪，让他的脑袋露出来。

"你怎么样，卡伊？"

"我动不了了，但我觉得我并没有受伤。"卡伊的脸露了出来，长长地出了口气。

"好的，别乱动，以防骨折。"凯尔提醒卡伊道。

"好的……其他人呢？"

"罗恩没事，詹妮弗还没找到。"

"我没事，去找詹妮弗吧。"卡伊能呼吸了，暂时脱离了危险。

●●● 詹妮弗在哪儿

罗恩正在另一个地方寻找詹妮弗，凯尔兴奋地跑过来与他会合，告诉他找到卡伊的好消息。

◀▶ 罗恩终于找到了詹妮弗

罗恩也很高兴，这样就只剩下詹妮弗了，他们必须尽快找到她。

"詹妮弗！……"凯尔和罗恩不断地叫着詹妮弗的名字，可一点回应都没有。不过，罗恩很快发现了詹妮弗的滑雪板。

"找到詹妮弗了？"凯尔看见罗恩手里的滑雪板，急忙问道。

"我想是的。"

"我来帮你。"

"好的，一定是她。"

罗恩来到滑雪板附近的一个很大的雪堆前，迅速地将上面很厚的雪层挖走，谢天谢地，下面露出来被雪压住的詹妮弗。

詹妮弗终于得救了，她激动地向罗恩不停致谢："谢谢你，罗恩！我都快憋死了。"

"太好了，你会没事的！"罗恩高兴地安慰她道。

凯尔知道詹妮弗安全无恙，终于松了一口气："好极了，詹妮弗，我需要去把卡伊挖出来。"

"好的，现在我能呼吸了，你去吧。我被埋得太深了，你一个人无法把我挖出来。"詹妮弗对罗恩说道。

"好的，我去帮凯尔，很快就回来，你坚持住……"

●●● 暂时脱离危险

凯尔和罗恩跑到卡伊这里，准备将他从里面挖出来。

然而卡伊并不领情，他朝凯尔嚷道："你干

什么？先去
把詹妮弗挖
出来！”

　　“不行，卡伊，
我们需要你帮忙把詹
妮弗挖出来。这是规矩，
卡伊！”

　　凯尔和罗恩小心翼翼地进行着挖掘工
作。“当心别把他弄伤了。”凯尔不断地提醒罗恩。

　　幸好发生雪崩的一瞬间，卡伊身边的一棵树
挡住了他，这才不至于埋得太深。“多亏它，否
则我恐怕很难发现你。”卡伊很快就被挖出来了，
凯尔指着树笑道，“我们去挖詹妮弗。你能行吗，
卡伊？”

　　“我没事。”卡伊简单活动了一下四肢，感觉
没什么问题，然后就马上跟着罗恩和凯尔去挖詹
妮弗了。

　　詹妮弗被埋得较深，还好有3个人的力量，
很快她就被挖出来了。成功后，凯尔马上拨通了
调度员韦恩的对讲机：“调度员，我是凯尔，大家
都没事。”

　　“太好了。”韦恩在那头兴奋地喊道。

　　对于凯尔等人来说，接下来面临的最重要的
问题就是怎么回去……

●●● 失去联系了

　　“现在怎么办？”卡伊问道。

　　“我不喜欢这天气，暴风雪要来了。”罗恩讪
讪地说。

可是大家的滑雪板全被埋在了雪里，已经找不到了。没有滑雪板，他们根本就无法下山。而且更糟糕的是，这种天气直升机肯定来不了。

"雪还是很容易塌陷，我们移动位置的话，还有可能被埋住。"卡伊不知该怎么办了，只好看着凯尔。

"我们待在这儿也一样。"凯尔也没想到好主意。

"我们需要找到一处平坦的高地，那样雪就不会滑落到我们身上了。"一直没有说话的詹妮弗建议道。

这真是个好办法。凯尔想起这附近有一块平地，他想拨通对讲机告诉韦恩，他们准备到平地上去，然后让直升机明天早上去那里找他们。

"凯尔呼叫韦恩，你听到了吗？完毕。"

然而过了许久，韦恩都没有回答。

"噢！失去联系了。"凯尔惊呼。

●●● 藏身处

凯尔想要去高处试试对讲机，然而被大家阻止了。

"别去管它，凯尔。今晚他们没法来接我们。"詹妮弗说道。

"不行，我得让他知道我们的情况。"

"凯尔，别离开我们。"罗恩也劝道。

▲ 经过一阵商量后，他们找到了一个合适的藏身处

"等等，凯尔。"卡伊大声说道，"你该先带我们去你说的那个平地，让我们抓紧时间挖藏身处，韦恩知道我们会去找藏身处过夜的。"

卡伊的话提醒了凯尔，这一次卡伊说得很有道理，他们必须先找到一个藏身处，等待天亮后的救援。

"好了，这儿应该是个很好的藏身处。"詹妮弗看着他们亲手"打造"的小房子，笑着说道。4个人搭建一个临时避难所并不困难。

4个人躲进他们制作的雪房子里面，看着外面的雪景不禁发起了感慨。

"看看这些雪，刚才我们还在上面滑雪……"

凯尔还没有说完，卡伊就接着说道："现在却要同它做生死搏斗。"

"卡伊，你进步得很快。你会是一个很好的巡逻员。"凯尔看了看卡伊，然后说道。

"谢谢你。"卡伊也越来越佩服他了。

●●● **你们是一个出色的组合**

时间很快在大家的交谈中过去，不知不觉，天竟然亮了。

"大家还好吗？"凯尔第一个从里面爬出来。

"除了感觉冷，没别的。你们俩是一个出色的组合。"詹妮弗看了看凯尔和卡伊说道。

183

他们俩不好意思地相互笑了笑。突然卡伊听到远处有很奇怪的爆炸声。"什么声音？"他问凯尔。

"为了确保营救人员不会陷入另一次雪崩，他们会先炸山。"

"那样会引发另一次雪崩吗？"

"会的，这是为了不再把别的人埋在下面。"凯尔接着向卡伊解释道。每一个新人都会有很多东西要了解，卡伊也不例外，不过通过昨天的事情，他已经表现得很不错了。

"你真像个滑雪高手，卡伊！"凯尔真诚地对卡伊说道。

"不，你才是滑雪高手。"

"不，我坚持认为你是滑雪高手。"

他们不停地相互称赞，然后两个人高兴地拥抱在一起。詹妮弗和罗恩看着这一幕，欣慰地笑了。

▼ 两个小伙子互相称赞，詹妮弗和罗恩欣慰地笑了

小记者哈米尔采访实录

凯尔很喜欢滑雪巡逻员的工作，大学毕业后他又回到了这个熟悉的滑雪场，并且一直工作到现在。下面我们就来请他讲一下那次雪崩的故事吧。

哈米尔：你是怎么对雪崩营救感兴趣的？你学过很多课程？

凯尔：是的，确实有很多课程需要我学，有雪崩训练和搜寻训练等。

哈米尔：谈谈那次雪崩吧。

凯尔：找到那个失踪的同事以后，我们就和他一起滑雪下山，然后我们就遇到了雪崩。

哈米尔：那次雪崩没有任何征兆吗？

凯尔：当时我们正在一个非常平坦的地区，然后雪开始下陷了。我对我们所处的位置和我们要去的地方感觉很不好，于是就决定掉头往回走，前往另一个平坦的区域。我们准备滑过那个区域，爬上一个没有雪的地方。

哈米尔：你当时害怕吗？

凯尔：我第一眼看到雪崩时非常害怕，之后就不怎么害怕了。看到那次雪崩的阵势，我意识到我们差点儿就再也不能滑雪了。

哈米尔：你们是什么时候离开的？

凯尔：营救人员是第二天早上到的，大约在雪崩发生后 10 到 11 个小时。

急救常识之"缺少绷带和夹板"

1. 必须迅速包扎伤口。如有可能最好使用消毒绷带进行包扎。有一些临时材料可用来包扎伤口，比如一块手帕。要足够大，这一点很重要。还需要一些东西来固定它，在紧急情况下，你只能使用你的衬衣。

2. 事故发生之后，你必须检查受伤者的脉搏，如有必要，还要检查他的呼吸情况。可以让受伤者试着移动自己的胳膊和腿。但如果某个部位发生了骨折，他就会立即拒绝移动那个部位。

3. 干净的布块可用做临时绑带。任何直而硬的东西，如手杖、木板或铁棍，都可以用做治疗骨折的临时夹板。

4. 如果救助者不止一位，就应该做一副临时担架。临时担架需要两根结实又比较直的木棍。至于担架的其余部分，你完全可以发挥自己的想象。可以使用衬衫、夹克或者毛毯。

5. 当受伤者伤势严重而又必须要你一个人进行救助时，你可以做一个背在背上的架子。如果受伤者伤势不严重，你一个人可以用这种办法来搬运受伤者。

特别提示：本书主人公所拨打的"911"为美国报警电话，中国常用急救电话号码为：

匪警	110
火警	119
急救中心	120
交通事故	122
森林火警	95119
公安短信报警	12110
红十字会急救台	999
水上求救专用电话	12395